Miguel López

Contribution à l'Optimization d'un Système de Conversion Éolien

Miguel López

Contribution à l'Optimization d'un Système de Conversion Éolien

Presses Académiques Francophones

Impressum / Mentions légales

Bibliografische Information der Deutschen Nationalbibliothek: Die Deutsche Nationalbibliothek verzeichnet diese Publikation in der Deutschen Nationalbibliografie; detaillierte bibliografische Daten sind im Internet über http://dnb.d-nb.de abrufbar.
Alle in diesem Buch genannten Marken und Produktnamen unterliegen warenzeichen-, marken- oder patentrechtlichem Schutz bzw. sind Warenzeichen oder eingetragene Warenzeichen der jeweiligen Inhaber. Die Wiedergabe von Marken, Produktnamen, Gebrauchsnamen, Handelsnamen, Warenbezeichnungen u.s.w. in diesem Werk berechtigt auch ohne besondere Kennzeichnung nicht zu der Annahme, dass solche Namen im Sinne der Warenzeichen- und Markenschutzgesetzgebung als frei zu betrachten wären und daher von jedermann benutzt werden dürften.

Information bibliographique publiée par la Deutsche Nationalbibliothek: La Deutsche Nationalbibliothek inscrit cette publication à la Deutsche Nationalbibliografie; des données bibliographiques détaillées sont disponibles sur internet à l'adresse http://dnb.d-nb.de.
Toutes marques et noms de produits mentionnés dans ce livre demeurent sous la protection des marques, des marques déposées et des brevets, et sont des marques ou des marques déposées de leurs détenteurs respectifs. L'utilisation des marques, noms de produits, noms communs, noms commerciaux, descriptions de produits, etc, même sans qu'ils soient mentionnés de façon particulière dans ce livre ne signifie en aucune façon que ces noms peuvent être utilisés sans restriction à l'égard de la législation pour la protection des marques et des marques déposées et pourraient donc être utilisés par quiconque.

Coverbild / Photo de couverture: www.ingimage.com

Verlag / Editeur:
Presses Académiques Francophones
ist ein Imprint der / est une marque déposée de
OmniScriptum GmbH & Co. KG
Heinrich-Böcking-Str. 6-8, 66121 Saarbrücken, Deutschland / Allemagne
Email: info@presses-academiques.com

Herstellung: siehe letzte Seite /
Impression: voir la dernière page
ISBN: 978-3-8381-4447-4

Zugl. / Agréé par: Paris, Université Paris Sud, 2008

Copyright / Droit d'auteur © 2014 OmniScriptum GmbH & Co. KG
Alle Rechte vorbehalten. / Tous droits réservés. Saarbrücken 2014

Sommaire

Introduction 1

1 Systèmes de Conversion Eoliens 5
  1.1 Introduction 5
    1.1.1 Bilan Energétique Mondial 6
      1.1.1.1 Les Utilisations de l'Energie Primaire 6
      1.1.1.2 Une Concurrence Inter Energétique 8
    1.1.2 Energie et Environnement 8
      1.1.2.1 L'impact de la Consommation d'Energie sur l'Environnement 9
    1.1.3 Génération Distribuée de l'Electricité 10
    1.1.4 Les Energies Renouvelables 11
      1.1.4.1 Hydraulique 13
      1.1.4.2 Photovoltaïque 13
      1.1.4.3 l'Eolien 14
      1.1.4.4 Environnement et Coût des Energies Renouvelables 14
  1.2 Classement des Turbines Eoliennes 16
    1.2.1 Turbines Eoliennes à Axe Horizontal (HAWT) 17
    1.2.2 Turbines Eoliennes à Axe Vertical (VAWT) 18
  1.3 Boite de Vitesses 19
  1.4 Générateurs 20
    1.4.1 Générateur Asynchrone (IG) 20
      1.4.1.1 Générateur Asynchrone à Cage d'Ecureuil (SCIG) 20
      1.4.1.2 Générateur Asynchrone à Rotor Bobiné (WRIG) 21
    1.4.2 Générateur Synchrone (SG) 22
      1.4.2.1 Générateur Synchrone à Rotor Bobiné (WRSG) 23
      1.4.2.2 Générateur Synchrone à Aimants Permanents (PMSG) 23
    1.4.3 Autres Générateurs 23
    1.4.4 Types de Machines Electriques pour les Petites Eoliennes 24
  1.5 Systèmes de Stockage pour la Production d'Electricité 26
    1.5.1 Types de Stockage d'Energie 27
  1.6 Applications des Turbines Eoliennes 28
    1.6.1 Systèmes de Puissance Isolés et Emploi de l'Energie Eolienne 28
      1.6.1.1 Systèmes Hybrides avec Technologie Eolienne 30
      1.6.1.2 Systèmes Hybrides *Wind-Diesel* 32
      1.6.1.3 Evolution de l'Eolien dans les Sites Isolés 33
      1.6.1.4 Systèmes et Expérience 35
      1.6.1.5 Expérience sur les Systèmes de Puissance Hybrides 36
    1.6.2 Systèmes Eoliens Connectés à des Grands Réseaux 38

1.6.2.1 Systèmes Distribués 39
1.6.2.2 Parcs Eoliens.. 39
1.7 Tendances... 41
1.7.1 Système Mécanique 41
1.7.2 Système Electrique.. 42
1.7.3 Intégration de l'Energie Eolienne et Nouvelles Applications 42
1.8 Conclusion... 43

2 Optimisation d'un Système de Conversion Eolien 45
Nomenclature 45
2.1 Introduction 46
2.2 Système de Génération Eolien Sans Electronique de Commande 47
    2.2.1 Système Mécanique 47
    2.2.1 Système Electrique... 49
        2.2.1.1 Générateur à Aimants Permanents 49
        2.2.1.2 Redresseur triphasé à diodes 50
        2.2.1.3 Paramètres du Système 55
2.3 Problème d'Optimisation 58
    2.3.1 Contraintes... 59
    2.3.2 Résultats de l'Optimisation 61
    2.3.3 Sélection d'une paire (M, u_S) unique 66
2.4 Adaptation du Problème d'Optimisation 66
    2.4.1 Résultats 71
2.5 Conclusion... 76

3 Commande du Système de Conversion Eolien 77
3.1 Introduction 77
3.2 Systèmes de Génération Eoliens Commandés 79
    3.2.1 Commande Aérodynamique du Rotor 79
        3.2.1.1 Commande de l'Angle d'Attaque de la Pale (*Blade Pitch Control*) 81
        3.2.1.2 Régulation à Angle Fixe (*Passive Stall Control*)........................ 82
        3.2.1.3 Commande Stall Active (*Active Stall Control*) 83
        3.2.1.4 Commande d'Orientation 83
    3.2.2 Commande du Système Electrique 84
        3.2.2.1 Systèmes à Vitesse Variable avec des Turbines Eoliennes à Pales Ajustables 85
        3.2.2.2 Systèmes à Vitesse Variable avec des Turbines Eoliennes à Pales Fixes 86
3.3 Système Eolien avec Commande Proposé 91
    3.3.1 Structure de Puissance.. 91
    3.2.2 Stratégie de Commande 93
        3.2.2.1 Commande de la Vitesse de la Machine 94
        3.2.2.2 Stratégie de Commande pour les Convertisseurs....................... 97
    3.2.3 Résultats 99
        3.2.3.1 Commande de la Vitesse de Rotation 99
        3.2.3.2 Commande des Convertisseurs. Application à Puissance Constante.... 100
        3.2.3.3 Application à un Système de Génération Eolien 101
3.4 Conclusion... 105

4 Méthode Analytique d'Evaluation des Pertes dans les Convertisseurs de Puissance 107
Nomenclature 107
4.1 Introduction 108
4.2 Méthode Proposée 109
   4.2.1 Calcul des Pertes 109
      4.2.1.1 Pertes par Conduction dans les Diodes 110
      4.2.1.2 Pertes par Conduction dans les Transistors 110
      4.2.1.3 Pertes par Conduction dans le Redresseur 111
      4.2.1.4 Pertes par Conduction dans le Hacheur 112
      4.2.1.5 Pertes par Conduction dans l'Onduleur 114
   4.2.2 Pertes par Commutation 116
      4.2.2.1 Pertes par Commutation dans le Hacheur 116
      4.2.2.1 Pertes par Commutation dans l'Onduleur 117
4.3 Résultats 118
   4.3.1 Pertes dans le Redresseur 118
   4.3.2 Pertes du Hacheur 121
      4.3.2.1 Evaluation des Equations de Pertes de Conduction dans une Paire Transistor/Diode 121
      4.3.2.2 Comparaison : un Convertisseur Buck-Boost et une Combinaison Cascade des Convertisseurs Boost et Buck 122
   4.3.3 Pertes de l'Onduleur 127
4.4 Application : Evaluation des Pertes d'un Système Hybride 131
   4.4.1 Description du Système 132
   4.4.2 Procédure de Dimensionnement des Unités 133
   4.4.3 Evaluation des Pertes du Système Hybride 133
4.5 Conclusion 137

Conclusion et Perspectives 139

Références Bibliographiques 143

Annexes 147

Introduction

La croissance constante de la consommation d'énergie sous toutes ses formes et les effets polluants associés, principalement causés par la combustion des énergies fossiles, sont au cœur de la problématique du développement durable et du soin de l'environnement dans une discussion pour l'avenir de la planète.

Le secteur de la génération électrique est le premier consommateur d'énergie primaire et les deux tiers de ses sources sont des carburants fossiles. Il est techniquement et économiquement capable de faire des efforts importants pour réduire les atteintes de l'activité humaine sur le climat et l'environnement. Une des possibilités est d'accroître le taux de production d'électricité à partir de ressources de type non-fossiles et renouvelables.

D'autre part, le processus de libéralisation des marchés électriques, qui a démarré il y a quelques années, permet le développement de l'offre dans la production d'électricité. Certains producteurs de petite taille ne peuvent pas être raccordés au réseau de transport d'électricité, la connexion est alors faite directement au réseau de distribution. Ces comportements particuliers se sont progressivement développés et sont maintenant définis sous le nom de Génération Décentralisée. La situation nouvelle créée par ce type de génération en a fait un des sujets les plus étudiés dans le domaine des réseaux électriques de puissance.

Ces constats indiquent que les technologies renouvelables possèdent des atouts majeurs pour développer leur participation à la production d'électricité et pour intervenir sur le marché de l'énergie électrique. L'hydroélectricité a déjà plus d'un siècle de développement et son utilisation est mondialement répandue. Aujourd'hui, les autres sources de génération renouvelables, notamment le solaire et l'éolien, sont les énergies dont le taux de croissance est le plus élevé. Leur développement au niveau résidentiel et industriel est considérable, particulièrement en Europe et aux Etats-Unis. Les systèmes utilisant l'énergie du vent représentent la technologie en plus forte croissance. Parmi ces technologies éoliennes, de nombreux systèmes, de différents types ont été conçus et développés tout en prolongeant une expérience dans ce domaine remontant sur plusieurs siècles.

De nos jours, la forme la plus connue et utilisée de technologie éolienne est l'*aérogénérateur* ; *i.e.* une machine qui obtient de l'énergie à partir du vent pour générer un courant électrique. La taille de ces turbines éoliennes modernes va de quelques watts jusqu'à quelques mégawatts. La majorité des systèmes commerciaux actuels sont des turbines éoliennes à axe horizontal (HAWT) avec des rotors à trois pales (tripales). Les turbines peuvent transférer de l'énergie électrique à un réseau de puissance à travers des transformateurs, lignes de transport et sous-stations associés.

Une grande partie du parc éolien actuel est constitué de systèmes raccordés au réseau public. Pourtant, un des domaines où les technologies renouvelables peuvent se développer de façon substantielle est celui de l'électrification rurale ou des sites isolés. Quand les méthodes conventionnelles de fourniture d'énergie électrique comme l'extension du réseau et l'utilisation de générateurs diesel deviennent trop coûteuses ou difficiles à implémenter, les technologies renouvelables, capables de générer de l'électricité sur place, sont une possibilité très intéressante, tant au niveau technique qu'économique.

D'autre part, les systèmes éoliens individuels (*stand-alone*) qui fournissent de l'électricité à des petites communautés sont de plus en plus nombreux. En raison de la caractéristique intermittente du vent, des systèmes hybrides avec un support diesel, photovoltaïque et/ou avec un moyen de stockage de l'énergie sont populaires pour les zones éloignées. Dans la gamme des petites turbines éoliennes, la tendance est de développer des systèmes commandés de plus en plus efficaces, utilisant des structures de conversion à découpage électronique pour élargir la plage exploitable de vitesses du vent.

Dans ce contexte, l'apport envisagé avec ce travail est de collaborer à la conception optimale d'un système de production éolien isolé de petite taille, pour les sites où l'expansion du réseau est difficile ou trop coûteuse.

Dans le chapitre 1 de ce manuscrit, un bilan sur les formes d'énergies les plus consommées dans le monde est exposé. Il est suivi de la présentation des problèmes environnementaux liés à l'utilisation de l'énergie. L'évolution de l'industrie électrique vers un marché concurrentiel ouvert est présentée ainsi qu'un résumé sur les caractéristiques économiques et environnementales des formes renouvelables d'énergie. Une présentation générale de la technologie éolienne actuelle est faite en commençant par une des classifications la plus couramment utilisée. La technologie utilisant les boites de vitesses pour les turbines éoliennes est aussi présentée. Les différents types de générateurs électriques présents dans les turbines éoliennes sont exposés. Les applications, avec un segment dédié aux systèmes isolés sont aussi proposées. Un résumé sur les systèmes de stockage est montré. Un sommaire des dernières tendances et perspectives de développement de l'éolien est aussi présenté.

Dans le deuxième chapitre, une méthode d'optimisation d'un système de conversion de l'énergie éolienne de faible taille à tension fixe est présentée. Le système est composé d'éléments disponibles commercialement : une petite turbine éolienne à axe horizontal, une boite d'engrenages à un étage, un générateur synchrone à aimants permanents, un pont de diodes et un groupe de batteries. Comme il n'y a pas de dispositifs commandés, la conception du système doit être soigneusement réalisée pour trouver la configuration qui maximise autant son utilisation que la puissance délivrée. A partir des équations mécanique et électrique définissant la puissance de l'éolienne, un problème d'optimisation est donc proposé. Ce problème est ciblé sur la combinaison optimale du rapport de transformation de la boite mécanique et de la tension de batterie pour recueillir la plus grande quantité possible d'énergie du système de conversion. La puissance mécanique de l'éolienne est modélisée en proposant une nouvelle fonction d'approximation du coefficient de puissance. Le problème d'optimisation avec contraintes est résolu avec un programme MATLAB © spécialement développé pour l'application de génération éolienne.

Le chapitre 3 est consacré aux structures commandées de génération éolienne pour leur application dans un système de puissance isolé de petite taille. Dans ce cas, la commande permet de suivre le coefficient de puissance maximal de la turbine éolienne par ajustement de la vitesse de rotation du générateur à aimants permanents. Cette régulation de vitesse est réalisée par un convertisseur électronique de puissance introduit dans la chaine de conversion. Ce convertisseur DC/DC profite de la tension presque constante aux bornes de la batterie pour modifier sa tension d'entrée, de façon à modifier la tension aux bornes de la machine et ainsi commander la vitesse de rotation de son rotor. Une topologie de convertisseur élévateur – abaisseur est proposée de façon à commander le système sur toute la plage de vitesses de vent, en suivant la puissance maximale pour les vents faibles et en régulant à puissance nominale pour les vents forts.

Le dernier chapitre présente une amélioration du calcul des pertes des convertisseurs statiques de puissance pour une application à un système d'énergie hybride renouvelable. L'objectif est d'évaluer les pertes énergétiques dans le système pour contribuer aux procédures de dimensionnement des éléments. Les modèles développés considèrent les pertes de conduction et de commutation pour préciser la variation du rendement des convertisseurs avec les changements de la charge et des sources de production renouvelables. Cette approche est testée sur plusieurs convertisseurs électroniques de puissance et dans un système hybride préalablement dimensionné. Pour l'application au système hybride, la méthodologie proposée est comparée sur une base horaire avec une autre approche basée sur un principe de rendement constant en utilisant un logiciel spécialement développé. L'importance de l'évaluation correcte des pertes est alors démontrée.

1 Systèmes de Conversion Eoliens

1.1 Introduction

Le vent est une source d'énergie renouvelable, économique, exploitable avec un bon niveau de sécurité et respectueuse de l'environnement. Dans le monde entier, les ressources d'énergie éolienne sont pratiquement illimitées. Les récents développements technologiques dans les domaines des turbines éoliennes à vitesse variable, en électronique de puissance et en commande de machines électriques tendent à rendre l'énergie éolienne aussi compétitive que l'énergie d'origine fossile (Mathew, 2006; Chen and Blaabjerg, 2006).

Pour la fin 2013, la Chine est le premier producteur d'énergie électrique à partir du vent, avec une puissance installée d'environ 91,4 GW, presque le 29% du total mondial (GWEC, 2014). Les suivants sont les États-Unis avec quelques 61,1 GW (19%), l'Allemagne avec 34,25 GW (11%), l'Espagne avec 23 GW (7.2%) et l'Inde avec 20,15 GW (6,3%). Le Royaume Uni (10,5 GW), l'Italie (8550 MW), la France (8254 MW), le Canada (7800 MW) et le Danemark (4770 MW) complètent la liste des 10 premiers. Le reste du monde ajoute un 15% supplémentaire pour un total global d'environ 318 GW installés (GWEC, 2014).

Ce chapitre présente un bilan des formes d'énergies les plus consommées au monde. Il établit la corrélation entre l'utilisation de l'énergie et les problèmes environnementaux qui s'ensuivent. Les conséquences de l'évolution de l'industrie électrique vers un marché concurrentiel ouvert y sont abordées succinctement ainsi que les caractéristiques économiques et environnementales des formes renouvelables d'énergie. La technologie éolienne actuelle y est présentée sous la forme d'une classification couramment employée. L'intérêt de mettre en œuvre une boite de vitesses pour les turbines éoliennes y est aussi démontré. Les différents types de générateurs électriques présents dans les turbines éoliennes y sont exposés. Les applications, avec un segment dédié aux systèmes isolés, y sont aussi présentées. Les différents systèmes de stockage sont recensés et les dernières tendances et perspectives de développement de l'éolien sont évoquées.

1.1.1 Bilan Energétique Mondial

Face à une demande en constante augmentation et à une répartition inégale entre les zones géographiques, les Etats se trouvent confrontés à des enjeux majeurs : équilibrer leur bilan énergétique, limiter leur dépendance vis-à-vis de zones politiquement instables, concilier besoins et respect de l'environnement et, enfin, préparer l'inévitable épuisement des ressources actuellement exploitées en développant des énergies alternatives (Mons, 2005).

1.1.1.1 Les Utilisations de l'Energie Primaire

« L'énergie primaire » répond aux besoins de quatre grandes catégories de consommation : production d'électricité, usage domestique, industrie et transports. Dans le monde, le charbon demeure largement en tête comme source primaire. La figure 1.1 montre la répartition de la consommation de l'énergie par secteur d'activité.

La Production d'Electricité
Actuellement, la plus grande partie de la consommation énergétique mondiale est consacrée à la production d'électricité (32%, voir figure 1.1). L'abondance des réserves de charbon (dans certaines zones géographiques) et leur faible coût d'exploitation expliquent que le charbon soit économiquement avantageux et arrive en tête dans les ressources exploitées pour la production d'électricité. En revanche, l'impact environnemental du charbon est nettement en sa défaveur, même avec les technologies les plus récentes, pourtant moins polluantes.

Ensuite vient le gaz naturel ; la turbine à gaz à cycle combiné est la principale technologie de production d'électricité mise en service dans le monde, en particulier en Europe. A titre d'exemple, en 2000, au Royaume-Uni, 32% de l'électricité était produite à partir du gaz naturel, contre seulement 2% en 1990 (Mons, 2005).

L'hydroélectricité, première énergie renouvelable, est la troisième des sources pour la production d'électricité, déplaçant le nucléaire il y a quelques années. Certains pays, comme la Suède, produisent l'essentiel de leur électricité grâce aux barrages et aux cours d'eau.

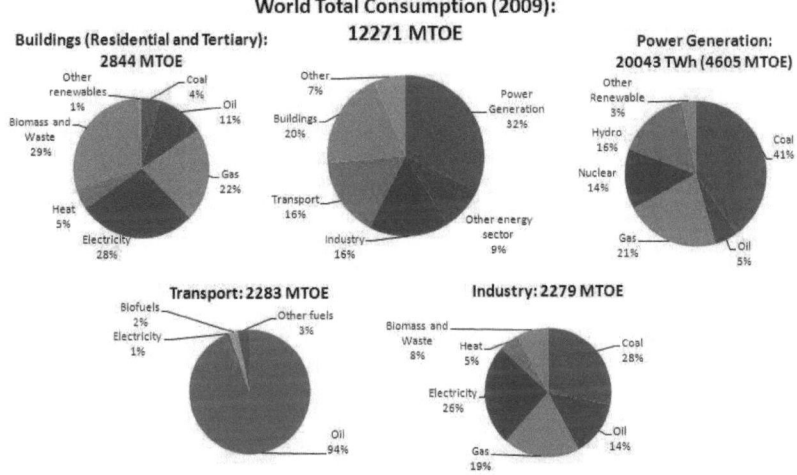

Figure 1.1. Les principaux secteurs de consommation d'énergie dans le monde à l'heure actuelle. [Source de la data : World Energy Outlook, 2011].

Le nucléaire est à l'heure actuelle le quatrième mode de production d'électricité dans le monde. C'est d'ailleurs son seul usage, en dehors des applications militaires. Cette technologie est toutefois réservée aux pays les plus riches, en raison de la complexité du processus et des investissements nécessaires. La France est le pays qui recourt le plus au nucléaire pour produire de l'électricité (environ 80% de la consommation d'énergie électrique).

Le pétrole est peu utilisé pour la production d'électricité (5%) et son utilisation, dans ce secteur, continue à la baisse.

Enfin, les autres énergies renouvelables (non hydraulique), ne représentent actuellement que 3% de la production totale d'électricité ; cependant leur utilisation est nettement à la hausse.

Le Secteur Résidentiel et Tertiaire
Il arrive en seconde position dans la consommation d'énergie primaire (20%). Il est important de noter ici que l'électricité est une forme d'énergie secondaire, cependant source « primaire » d'énergie pour les secteurs résidentiel et tertiaire et l'industrie principalement. Dans ce secteur, le chauffage constitue le premier usage et il convient de rajouter la cuisine. Le fonctionnement des

appareils ménagers et informatiques et, surtout, l'éclairage font appel à l'électricité. Les énergies fossiles répondent surtout au premier usage, même si quelques pays – dont la France – se servent de l'électricité pour le chauffage. La biomasse est aussi largement utilisée. La population des pays en voie de développement recourt massivement au bois en tant que combustible pour les usages domestiques, ce qui n'est pas sans poser de problèmes de déforestation (en Afrique principalement).

Le Transport et l'Industrie

Ils sont très proches comme grands secteurs de consommation : ils consomment environ 16% de l'énergie dans le monde. Au cas du transport, celui-ci recourt quasi exclusivement au pétrole et à ses dérivés. Cette forte dépendance pose de nombreux problèmes lorsque les cours du pétrole s'élèvent. Les énergies alternatives – l'électricité, le gaz et autres – n'ont pas réussi à s'imposer dans l'automobile pour l'instant.

Le secteur industriel présente le bilan le plus équilibré. Le charbon est, néanmoins, une nouvelle fois en tête. Cette ressource est très largement utilisée dans les régions industrielles des pays émergents, en particulier en Chine et en Inde. Le pétrole intéresse l'industrie pour produire une partie de l'énergie nécessaire mais aussi en tant que matière première des plastiques et autres produits dérivés : environ 14% du pétrole consommé par l'industrie sert de matière première.

1.1.1.2 Une Concurrence Inter Energétique

En général, à part quelques exceptions, aucun usage n'est exclusivement assuré par une source unique d'énergie. C'est la raison pour laquelle on assiste à des modifications sensibles de la contribution des différentes énergies au bilan énergétique mondial. La forte progression du gaz naturel, qui se substitue peu à peu au charbon dans la production d'électricité, en est la principale illustration. Les évolutions sont toutefois très lentes car l'énergie est une industrie de long terme. Dans le cas de la production d'électricité, les centrales ont une durée de vie de l'ordre de 30 à 40 ans, voire plus de 50 ans dans le cas des centrales nucléaires.

1.1.2 Energie et Environnement

La préservation de l'environnement est un des principaux défis que doit relever l'industrie énergétique. La consommation d'énergie – en croissance régulière – est à l'origine d'une pollution considérable. L'enjeu est donc de concilier les besoins énergétiques avec le respect de l'environnement. Si la prise de conscience semble désormais être une réalité, les actions sont très longues à mettre en place. D'autant que la responsabilité est collective, car l'utilisation rationnelle de l'énergie concerne aussi bien les gouvernements, les producteurs que les consommateurs.

1.1.2.1 L'impact de la Consommation d'Energie sur l'Environnement

La combustion d'énergie fossile est la première activité humaine responsable de l'émission de gaz à effet de serre. Selon l'Agence Internationale de l'Energie, la consommation humaine d'énergie fossile a rejeté 22639 millions de tonnes de CO_2 en 2000 (Mons, 2005).

Les Emissions Gazeuses

Les rejets de la combustion des carburants représentent les trois-quarts des émissions humaines de dioxyde de carbone. La concentration de ce gaz dans l'atmosphère augmente régulièrement. Actuellement, ce taux est de 0.0365% contre 0.028% au milieu du XIXème siècle (+ 30%). Le deuxième gaz à effet de serre est le méthane (CH_4), dont la concentration a doublé sur la même période. Ses émissions son générées par l'agriculture (élevage et rizière), les activités énergétiques (fuites de gaz et industrie charbonnière) et les déchets ménagers (Mons, 2005).

Une polémique a longtemps opposé la communauté scientifique sur la réalité du réchauffement climatique et la responsabilité des activités humaines. Le groupe intergouvernemental d'experts sur l'évolution du climat (GEIC ou IPCC, de l'anglais *Intergovernmental Panel on Climate Change*) affirme aujourd'hui que cet effet constaté depuis une cinquantaine d'années est bien attribuable aux activités humaines.

Cette structure – créée en 1988 par l'Organisation Météorologique Mondiale et le Programme des Nations Unies pour l'Environnement – a constaté que la température moyenne avait augmenté de 0.6°C au cours du siècle précédent (avec une marge d'erreur d'environ ± 0.2°C).

Le réchauffement n'est toutefois pas uniforme puisqu'il a été constaté en deux phases : de 1910 à 1945 et depuis 1976. Le phénomène tend d'ailleurs à s'accélérer car la décennie 1990 semble être la plus chaude depuis 1961 – l'année 1998 en tête. Les principales conséquences visibles sont la réduction de la couverture neigeuse (-10% depuis 40 ans), la fonte des glaciers et de la banquise et son corollaire, la hausse du niveau moyen des océans (Mons, 2005).

Les Marées Noires

Amoco Cadiz, Exxon Valdez, Erika, représentent autant de noms tristement célèbres pour avoir souillé la mer et le littoral des côtes. L'histoire de l'industrie pétrolière est jalonnée de marées noires.

Les conséquences de ces accidents sont désastreuses pour la faune, la flore et les activités humaines (pêche, ostréiculture, tourisme, etc.). Cependant, l'attribution des responsabilités est complexe, chacune des parties évitant de les prendre. En matière de nettoyage et d'indemnisation, c'est le plus souvent l'État du pays victime de la pollution qui assume l'essentiel des charges. Toutefois, quelques progrès sont réalisés, notamment pour accélérer la disparition des navires à simple coque, comme l'Erika.

Néanmoins, les marées noires ne sont qu'une petite partie des rejets d'hydrocarbures en mer - de 2 à 6 % du total selon les estimations - lesquelles représentent au total entre 2 et 6 millions de tonnes (Mons, 2005). La très grande majorité des rejets correspond aux dégazages, en d'autres termes au lavage des cuves des cargos, et au rejet des résidus de filtration du fioul lourd.

1.1.3 Génération Distribuée de l'Electricité

Le système de puissance traditionnel intégré verticalement (génération, transport et distribution d'énergie électrique) est dans une étape initiale d'un processus qui pourrait être un changement révolutionnaire (Masters, 2004). L'époque des centrales de plus en plus grandes semble parvenue à son terme. Les réseaux de transport et de distribution commencent à s'ouvrir à des producteurs indépendants mettant en œuvre des centrales plus petites, moins coûteuses et plus efficaces. De nombreux pays se sont engagés dans la voie de la régulation des réseaux avec l'objectif d'encourager la concurrence entre producteurs et permettre ainsi aux clients de choisir leur fournisseur, avec toutefois un succès à démontrer.

L'industrie électrique semble ainsi effectuer un retour en arrière, lorsque l'essentiel de l'énergie électrique était générée localement par de petits systèmes isolés en vue de son utilisation directe.

Les anciens générateurs à vapeur utilisés pour fournir de la chaleur et de l'électricité ont trouvé leurs équivalents modernes sous la forme de micro-turbines, piles à combustible, moteurs à combustion interne et petites turbines à gaz.

En plus de l'intérêt économique, d'autres arguments ont plaidé en faveur d'une transition vers les systèmes d'énergie décentralisés à petite échelle ; il s'agit notamment des retombées sur l'environnement, de la vulnérabilité des systèmes d'énergie centralisés en cas d'attentat et de la fiabilité de l'électricité.

1.1.4 Les Energies Renouvelables

Le développement et l'exploitation des énergies renouvelables ont connu une forte croissance ces dernières années. D'ici 20-30 ans, tout système énergétique durable sera basé sur l'utilisation rationnelle des sources traditionnelles et sur un recours accru aux énergies renouvelables. Naturellement décentralisées, il est intéressant de les mettre en œuvre sur les lieux de consommation en les transformant directement, soit en chaleur, soit en électricité, selon les besoins. La production d'électricité décentralisée à partir d'énergies renouvelables offre une plus grande sûreté d'approvisionnement des consommateurs tout en respectant l'environnement. Cependant, le caractère aléatoire des sources impose des règles particulières de dimensionnement et d'exploitation des systèmes de récupération d'énergie (Gergaud, 2002).

Une source d'énergie est renouvelable si le fait d'en consommer ne limite pas son utilisation future. C'est le cas de l'énergie du soleil, du vent, des cours d'eau, de la terre, de la biomasse humide ou sèche, à une échelle de temps compatible avec l'histoire de l'humanité. Ce n'est pas le cas des combustibles fossiles et nucléaires.

L'utilisation des énergies renouvelables n'est pas nouvelle. Celles-ci sont exploitées par l'homme depuis la nuit des temps. Autrefois, moulins à eau, à vent, feu de bois, traction animale, bateaux à voile ont largement contribué au développement de l'humanité. Elles constituaient une activité économique à part entière, notamment en milieu rural où elles étaient aussi importantes et aussi diversifiées que la production alimentaire. Mais dans les pays industrialisés, dès le XIXème siècle, elles furent progressivement marginalisées aux profits d'autres sources d'énergie que l'on pensait plus prometteuses. Depuis lors, la pollution atmosphérique, le réchauffement climatique, les risques du nucléaire et les limites des ressources ont fait prendre conscience qu'un développement économique respectueux de l'environnement, dans lequel nous vivons, est nécessaire.

Les chocs pétroliers successifs observés depuis les années 70 ont démontré les risques économiques et géopolitiques de la production d'énergie reposant sur l'exploitation des ressources fossiles, dont les réserves sont mal réparties et épuisables.

De plus, une grande partie du monde ne sera sans doute jamais raccordée aux réseaux électriques dont l'extension s'avère trop coûteuse pour les territoires isolés, peu peuplés ou difficiles d'accès. Même au sein de l'Europe occidentale de tels « sites isolés » ne sont pas exceptionnels. Actuellement deux milliards et demi d'habitants, principalement dans les zones rurales des pays en développement, ne consomment que 1 % de l'électricité produite dans le monde.

Les énergies renouvelables constituent donc une alternative aux énergies fossiles à plusieurs titres : elles perturbent généralement moins l'environnement, n'émettent pas de gaz à effet de serre et ne produisent pas de déchets ; elles sont inépuisables ; elles autorisent une production décentralisée adaptée à la fois aux ressources et aux besoins locaux ; elles offrent une importante indépendance énergétique.

Parmi les énergies renouvelables, trois grandes familles émergent : l'énergie d'origine et à finalité mécanique (à partir du vent, des mouvements de l'eau…), l'énergie à finalité électrique (à partir de panneaux photovoltaïques, d'éoliennes, de barrages hydrauliques…) et l'énergie d'origine et à finalité thermique (géothermie, solaire thermique…). La plupart de ces formes d'énergie proviennent du soleil, à quelques exceptions près (marées, géothermie…). Etant donné que l'énergie sous forme mécanique est très difficilement transportable, elle n'est utilisable que localement (pompage direct de l'eau, moulins…). C'est pourquoi, pour l'essentiel, elle est transformée en énergie électrique. A l'exception de la biomasse et de l'hydraulique, un inconvénient majeur des énergies renouvelables provient de la non-régularité des ressources. De plus, les fluctuations saisonnières et journalières de la demande en puissance ne sont pas forcément synchronisées avec les ressources. Par exemple, en hiver, le besoin énergétique est plus important pour le chauffage et l'éclairage alors que les journées d'ensoleillement sont plus courtes. La diversification des sources permet statistiquement de limiter ces inconvénients. Il peut s'agir notamment de coupler des panneaux photovoltaïques avec une éolienne (Mirecki, 2005). Le stockage de l'énergie électrique supprime ces inconvénients lorsque la technologie le permet.

Les formes d'énergie renouvelables à finalité électrique qui sont actuellement les plus exploitées tout en respectant au mieux l'environnement sont l'hydraulique, le solaire photovoltaïque et l'éolien. Ces trois formes d'énergie sont précisées dans ce qui suit.

1.1.4.1 Hydraulique

L'eau, comme l'air, est en perpétuel mouvement. Par rapport à l'air, sa densité plus importante en fait un excellent vecteur d'énergie. Les barrages sur les rivières ont une capacité importante pour les pays riches en cours d'eau qui bénéficient ainsi d'une source d'énergie propre et « stockable ». Cette ressource représentait en 1998 environ 20% de la production mondiale de l'énergie électrique (Mirecki, 2005). Certains pays – dont la France – sont déjà « saturés » en sites hydroélectriques exploitables et ne peuvent pratiquement plus progresser de manière importante dans ce domaine. Les sites de faible puissance (inférieure à 10kW) sont bien adaptés aux petits réseaux isolés. En 1999, l'Europe comptait environ 10000 MW de puissance hydraulique installée. A l'horizon 2100, cette puissance pourrait passer à 13000 MW.

1.1.4.2 Photovoltaïque

L'énergie photovoltaïque est obtenue directement à partir du rayonnement solaire. Les panneaux photovoltaïques, composés de cellules photovoltaïques à base de silicium, ont la capacité de transformer l'énergie photonique en énergie électrique. Le courant continu ainsi produit est directement utilisable. La fabrication des panneaux solaires est actuellement coûteuse bien que la matière première (silice) soit abondante et peu onéreuse. Cela s'explique par une énergie significative nécessaire à la production des cellules. De réels progrès ont toutefois été réalisés. À l'heure actuelle, il faut quand même 3 à 5 ans pour qu'un panneau produise l'énergie que sa construction a utilisée (Mirecki, 2005). Un autre inconvénient est celui de la pollution à la production qui est due à la technologie employée. Des avancées technologiques sont en cours de réalisation. En raison des caractéristiques électriques fortement non linéaires des cellules et de leurs associations, le rendement des systèmes photovoltaïques peut être augmenté par les solutions utilisant la technique désormais classique et éprouvée de recherche du point de puissance maximale (*Maximum Power Point Tracker* : MPPT). Cette solution est également utilisable pour la production d'énergie éolienne.

Les panneaux solaires sont faciles à mettre en œuvre. Leur intégration dans un bâtiment peut aussi ajouter une touche esthétique. Ils apportent une bonne réponse aux besoins énergétiques limités dans les sites isolés et dispersés (télécommunication, balises maritimes…).

L'énergie photovoltaïque est en très forte progression : en 2001, l'Europe comptait environ 250 MW installés ; en 2003, ce chiffre est monté à 560 MW (Mirecki, 2005).

1.1.4.3 l'Eolien

La ressource éolienne provient du vent, lequel est dû indirectement à l'ensoleillement de la Terre : une différence de pression se crée entre certaines régions de la planète, en fonction du réchauffement ou du refroidissement local, mettant ainsi des masses d'air en mouvement. Exploitée depuis l'antiquité puis longtemps négligée, cette énergie connaît depuis environ 30 ans un essor sans précédent notamment dû aux premiers chocs pétroliers. À l'échelle mondiale, l'énergie éolienne maintient un taux de croissance de 30% par an depuis une dizaine d'années. L'Europe, principalement sous l'impulsion allemande, scandinave et espagnole, comptait environ 15000 MW de puissance installée en 2000. Ce chiffre a presque doublé en 2003, soit environ 27000 MW pour 40000 MW de puissance installée dans le monde. Les prévisions pour 2010 font état d'une puissance éolienne installée en Europe de l'ordre 70000 MW (Mirecki, 2005).

1.1.4.4 Environnement et Coût des Energies Renouvelables

Vis-à-vis du respect de l'environnement, les énergies renouvelables ont un avantage majeur, même si leur intérêt économique à court terme n'est pas toujours avéré. Ainsi, en 2001, les éoliennes installées au Danemark – un des pays parmi les mieux équipés – ont permis d'éviter 3.5 millions de tonnes de CO_2, 6450 tonnes de SO_2, 6000 tonnes d'oxyde azotique et 223 000 tonnes de cendres volantes (Mons, 2005).

Si l'on tient compte de la pollution produite lors de la fabrication des différents équipements, l'énergie éolienne est la moins polluante avec seulement 9 g de CO_2 par kWh (Mons, 2005). La biomasse est également très bien placée car elle ne contribue pas au réchauffement climatique dans la mesure où le bois, pendant sa croissance, fixe une quantité au moins équivalente de CO_2. Seul le nucléaire est en mesure de rivaliser avec les énergies renouvelables avec seulement 10 g de CO_2 émis par kWh. Cependant, la production d'électricité nucléaire génère des déchets radioactifs, sources d'inquiétudes pour l'avenir (en particulier ceux à vie longue, hautement radioactifs).

Les énergies renouvelables, hors l'hydroélectricité, se heurtent cependant à plusieurs obstacles, dont le plus important est incontestablement économique. A l'heure actuelle, elles sont peu ou pas rentables. A l'exception de l'hydroélectricité – déjà largement exploitée –, les énergies renouvelables souffrent de la comparaison économique avec d'autres sources d'énergie. Quelques exemples suffisent à révéler les écarts.

Coûts d'Investissement et d'Exploitation

Alors que le coût d'investissement d'un cycle combiné au gaz naturel est inférieur à 500 €/kW, il est généralement compris entre 1000 et 3000 €/kW pour l'éolien et entre 3000 et 5000 €/kW pour le photovoltaïque (Mons, 2005). Actuellement, le coût moyen du kWh nucléaire est de l'ordre de 3 à 4 centimes d'euro (c€) et de 4 à 8 c€, selon le site, dans le cas du kWh d'origine éolienne, la plus compétitive des énergies renouvelables hors hydroélectricité. Toutefois, l'éolien peut rivaliser avec la production d'électricité à partir du gaz naturel et du charbon selon les cours du marché.

Les coûts de production de l'électricité à partir des autres énergies renouvelables sont encore plus hauts (15 c€/kWh pour la géothermie et jusqu'à 65 c€/kWh pour le photovoltaïque). Les progrès sont néanmoins très rapides et l'éolien est désormais proche des énergies classiques. En un peu plus de 20 ans, le coût du kWh éolien a diminué de près de 90% (38 c€ en 1980). De la même manière, les prix des panneaux photovoltaïques baissent d'environ 4% par an depuis 15 ans grâce aux effets de série (Mons, 2005).

Impact sur l'Environnement

La compétitivité des énergies renouvelables pourrait être dopée si les coûts annexes des différentes énergies étaient pris en compte. La Commission Européenne estime le surcoût lié à la dégradation de l'environnement : entre 2 et 15 c€ pour une centrale au charbon, entre 3 et 11 c€ pour une centrale au fioul, au maximum 2.5 c€ pour les énergies renouvelables (Mons, 2005). La hiérarchie des coûts de production du kWh à partir des différentes énergies s'en trouve complètement modifiée. La plupart des énergies renouvelables sont alors plus compétitives que les centrales au charbon et au fioul. Actuellement, ces coûts annexes ne sont pas retenus mais des réflexions sont menées sur la mise en place de « certificats verts » (quotas de production d'électricité à partir de renouvelables).

Outre leur manque de compétitivité économique, les énergies renouvelables – en particulier l'éolien et le solaire – ont un inconvénient sérieux : l'intermittence (ou discontinuité). Leur disponibilité est, en effet, irrégulière puisqu'elle dépend de la vitesse du vent et de l'ensoleillement. En dépit de ces désagréments, des entreprises spécialisées dans la construction éolienne ont émergé, en particulier en Allemagne, au Danemark et en Espagne. Le leader mondial VESTAS (Danemark) a doublé son chiffre d'affaires depuis 2000 pour atteindre 1.7 milliards d'euros en 2003. L'utilisation de moyens de stockage permet de réduire les inconvénients de l'intermittence des sources d'énergie (Breeze, 2005 ; Ribeiro *et. al*, 2001).

1.2 Classement des Turbines Eoliennes

Après ses premières utilisations à l'époque de la Perse Antique, la technologie qui permet de profiter de l'énergie du vent a évolué sous diverses formes et types de machines. La structure de base des turbines éoliennes consiste aujourd'hui en un rotor pour capter l'énergie du vent en la transformant en énergie en rotation, un système d'engrenage pour démultiplier la vitesse de rotation du rotor, une machine électrique pour convertir l'énergie mécanique en électricité. Un schéma de principe est donné à la figure 1.2. Il existe différentes façons de classer les turbines éoliennes mais celles-ci appartiennent principalement à deux groupes selon l'orientation de leur axe de rotation : celles à axe horizontal et celles à axe vertical.

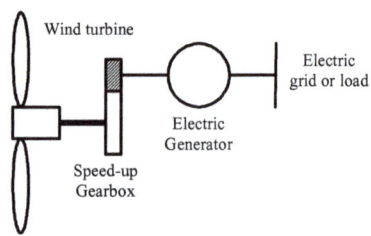

Figure 1.2. Schéma de principe d'un système éolien

1.2.1 Turbines Eoliennes à Axe Horizontal (HAWT)

Une turbine à axe de rotation horizontal demeure face au vent, comme les hélices des avions et des moulins à vent. Elle est fixée au sommet d'une tour, ce qui lui permet de capter une quantité plus importante d'énergie éolienne. La plupart des éoliennes installées sont à axe horizontal. Ce choix présente plusieurs avantages, comme la faible vitesse d'amorçage (*cut-in*) et un coefficient de puissance (rapport entre la puissance obtenue et la puissance de la masse d'air en mouvement) relativement élevé (Mathew, 2006). Toutefois, la boite de vitesses et la machine électrique doivent être installées en haut de la tour, ce qui pose des problèmes mécaniques et économiques. Par ailleurs l'orientation automatique de l'hélice face au vent nécessite un organe supplémentaire («queue», « yaw control »...).

Selon son nombre de pales, une HAWT est dite mono-pale, bipale, tripale ou multi-pale. Une éolienne mono-pale est moins coûteuse car les matériaux sont en moindre quantité et, par ailleurs, les pertes aérodynamiques par poussée (*drag*) sont minimales. Cependant, un contrepoids est nécessaire et ce type d'éolienne n'est pas très utilisé à cause de cela. Tout comme les rotors mono-pales, les rotors bipales doivent être munis d'un rotor basculant pour éviter que l'éolienne ne reçoive des chocs trop forts chaque fois qu'une pale de rotor passe devant la tour (Windpower, 2007). Donc, pratiquement toutes les turbines éoliennes installées ou à installer prochainement sont du type tripale. Celles-ci sont plus stables car la charge aérodynamique est relativement uniforme et elles présentent le coefficient de puissance le plus élevé actuellement.

Suivant leur orientation en fonction du vent, les HAWT sont dites en « amont » (*up-wind*) ou en « aval » (*down-wind*). La figure 1.3 montre les deux types mentionnés. Les premières ont le rotor face au vent ; puisque le flux d'air atteint le rotor sans obstacle, le problème de « l'ombre de la tour » (*tower shadow*) est bien moindre. Néanmoins, un mécanisme d'orientation est essentiel pour maintenir en permanence le rotor face au vent. Les éoliennes à rotor en aval n'ont pas besoin de ce mécanisme d'orientation mais le rotor est placé de l'autre coté de la tour : il peut donc y avoir une charge inégale sur les pales quand elles passent dans l'ombre de la tour. De ces deux types d'éoliennes, celle en amont est largement prédominante.

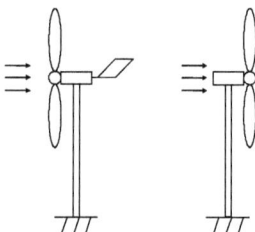

Figure 1.3. Turbines éoliennes en amont et en aval

1.2.2 Turbines Eoliennes à Axe Vertical (VAWT)

L'axe de rotation d'une VAWT est vertical par rapport au sol et perpendiculaire à la direction du vent. Ce type de turbine peut recevoir le vent de n'importe quelle direction, ce qui rend inutile tout dispositif d'orientation. Le générateur et la boite d'engrenages sont disposés au niveau du sol, ce qui est plus simple et donc économique (Mathew, 2006). La maintenance du système est également simplifiée dans la mesure où elle se fait au sol. Ces turbines ne disposent pas de commande d'angle de pale comme certaines HAWT. La figure 1.4 montre trois conceptions de VAWT.

Un inconvénient, pour certaines VAWT, est de nécessiter un dispositif auxiliaire de démarrage. D'autres VAWT utilisent la poussée (*drag*) plutôt que la portance aérodynamique (*lift*, effet qui permet à un avion de voler), ce qui se traduit par une réduction du coefficient de puissance et un moindre rendement. La majorité des VAWT tournent à faible vitesse, ce qui est très pénalisant dans les applications de génération d'électricité avec connexion au réseau public (50 ou 60 Hz) car la boite de vitesses doit permettre une importante démultiplication. Le faible rendement aérodynamique et la quantité de vent réduite qu'elles reçoivent au niveau du sol constituent les principaux handicaps des VAWT face aux HAWT.

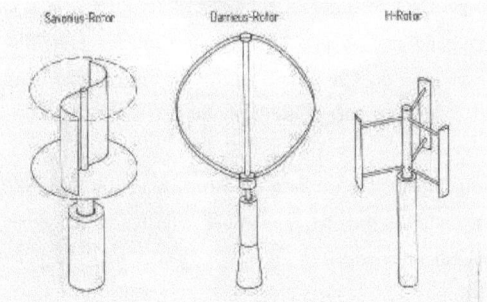

Figure 1.4. Turbines à axe vertical (Source: Hau, 2006)

1.3 Boite de Vitesses

La boite de vitesses est un composant important dans la chaîne de puissance d'une turbine éolienne. La vitesse de rotation d'une turbine éolienne typique est de l'ordre de quelques tours/mn à quelques certaines de tours/mn selon ses dimensions (Breeze, 2005 ; Mathew, 2006) alors que la vitesse optimale d'un générateur conventionnel se situe entre 800 et 3600 tours/mn. En conséquence, une boite de vitesses élévatrice est habituellement nécessaire pour adapter les deux vitesses de rotation.

La boite de vitesses d'une turbine éolienne doit être extrêmement robuste (*heavy duty*). L'idéal serait que le générateur électrique puisse aussi fonctionner à vitesse variable comme celle du vent. Cette approche implique toutefois un convertisseur électronique pour adapter la fréquence de fonctionnement du générateur à celle du réseau. Le surcoût n'est pas négligeable.

Dans les turbines de taille moyenne et grande, la relation de vitesses désirée est obtenue par l'introduction d'un système d'engrenage à 2 ou 3 étages. Si un rapport plus élevé est nécessaire, un ensemble d'engrenages dans un autre arbre intermédiaire peut s'introduire dans le système. Néanmoins, le rapport entre un ensemble d'engrenages est contraint normalement à 1:6 (Mathew, 2006). De plus, les engrenages épicycloïdaux peuvent transmettre de manière fiable des grandes charges. De nos jours, des boites à haute performance avec des rapports de 1:100 et plus sont utilisées sur les grands générateurs.

La boite de vitesses est le composant le plus fragile dans une turbine éolienne (Breeze, 2005 ; Hau, 2006). Les problèmes constatés proviennent d'un mauvais dimensionnement de la boite vis-à-vis de son spectre de charge. Dans les turbines éoliennes, il est difficile d'estimer les fortes charges dynamiques que la boite doit supporter. Historiquement, les premières boites étaient sous-dimensionnées. L'expérience des casses qui s'ensuivirent a permis aux constructeurs de parvenir à un dimensionnement correct quoique purement empirique (Hau, 2006).

Les différentes configurations, une méthode de dimensionnement, des chiffres pour le rendement des boites de vitesses utilisées dans les applications éoliennes et le concept d'entraînement direct (*gearless*) sont donnés dans l'annexe A.

1.4 Générateurs

L'application la plus fréquente des turbines éoliennes est aujourd'hui la production d'électricité. Pour cela, l'utilisation d'une machine électrique est indispensable. Les générateurs habituellement rencontrés dans les éoliennes sont présentés dans ce qui suit.

Différents types de machines électriques peuvent être utilisés pour la génération de puissance éolienne. Des facteurs techniques et économiques fixent le type de machine pour chaque application. Pour les petites puissances (< 20 kW), la simplicité et le coût réduit des générateurs synchrones à aimants permanents (PMSG) expliquent leur prédominance. Dans les applications de plus forte puissance, jusqu'à 2 MW environ, le générateur asynchrone est plus courant et économique.

1.4.1 Générateur Asynchrone (IG)

Le générateur à induction est largement utilisé dans les turbines éoliennes de moyenne et grande puissance en raison de sa robustesse, sa simplicité mécanique et son coût réduit. Son inconvénient majeur est la consommation d'un courant réactif de magnétisation au stator.

1.4.1.1 Générateur Asynchrone à Cage d'Ecureuil (SCIG)

Jusqu'à présent le SCIG correspond au choix prépondérant de par sa simplicité, son bon rendement et une maintenance réduite (Ackermann, 2005). La demande de puissance réactive est compensée par la connexion d'un groupe de condensateurs en parallèle avec le générateur (Figure 1.5), ou par la mise en œuvre d'un convertisseur statique de puissance (Figure 1.7).

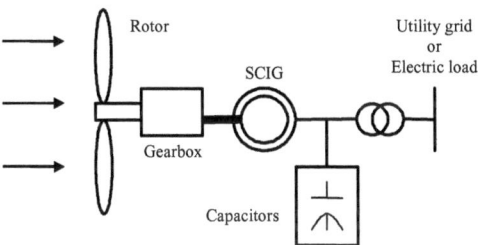

Figure 1.5. Système de conversion éolien avec SCIG à vitesse fixe

1.4.1.2 Générateur Asynchrone à Rotor Bobiné (WRIG)

Grâce à un système de bagues et balais, la tension appliquée au rotor peut être commandée par un convertisseur électronique de puissance. De l'énergie pouvant ainsi être appliquée ou extraite du rotor, le générateur peut se magnétiser par le rotor comme par le stator (Ackermann, 2005).

Générateur Asynchrone Doublement Alimenté (DFIG)

Une des configurations en forte croissance dans le marché des turbines éoliennes est connue sous le nom de générateur asynchrone doublement alimenté (DFIG). Celui-ci est un WRIG dont le stator est relié directement au réseau de puissance et dont le rotor est connecté à un convertisseur de type source de tension (VSC) en « back-to-back », qui fait office de variateur de fréquence. La double alimentation fait référence à la tension du stator prélevée au réseau et à la tension du rotor fournie par le convertisseur. Ce système permet un fonctionnement à vitesse variable sur une plage spécifique de fonctionnement. Le convertisseur compense la différence des fréquences mécanique et électrique par l'injection d'un courant à fréquence variable au rotor (Figure 1.6).

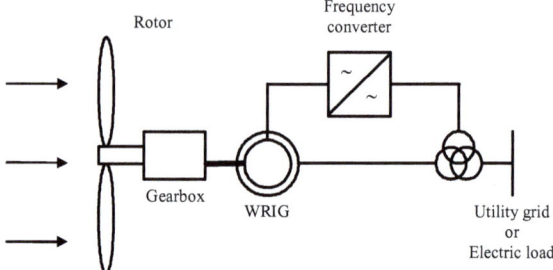

Figure 1.6. Système avec DFIG pour l'opération à vitesse variable

Les points forts du DFIG sont :
a) Sa capacité de commander la puissance réactive et, de cette façon, de découpler la commande des puissances active et réactive.
b) Il peut se magnétiser à partir du rotor sans prélever au réseau la puissance réactive nécessaire.
c) Il est capable d'échanger de la puissance réactive avec le réseau pour faire la commande de tension.
d) La taille du convertisseur n'est pas simplement en rapport avec la puissance totale du générateur, mais aussi avec la gamme de vitesse choisie. En fait, le coût du convertisseur augmente avec la gamme de vitesse autour de la vitesse de synchronisme. Son inconvénient réside dans la présence obligatoire de bagues et balais.

1.4.2 Générateur Synchrone (SG)

L'avantage du générateur synchrone sur l'IG est l'absence de courant réactif de magnétisation. Le champ magnétique du SG peut être obtenu par des aimants ou par un bobinage d'excitation conventionnel. Si le générateur possède un nombre suffisant de pôles, il peut s'utiliser pour les applications d'entraînement direct (*direct-drive*) qui ne nécessitent pas de boite de vitesses (*gearless*). Le SG est toutefois mieux adapté à la connexion indirecte au réseau de puissance à travers un convertisseur statique (Figure 1.7), lequel permet un fonctionnement à vitesse variable. Pour des unités de petites tailles, le générateur à aimants permanents (PMSG) est plus simple est moins coûteux. Au-delà de 20 kW (environ), le générateur synchrone est plus coûteux et complexe qu'un générateur asynchrone de taille équivalente (Ackermann, 2005).

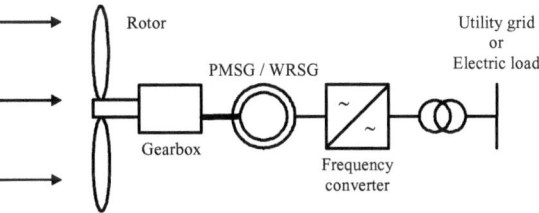

Figure 1.7. Système avec générateur synchrone pour un fonctionnement à vitesse variable

1.4.2.1 Générateur Synchrone à Rotor Bobiné (WRSG)

La connexion directe au réseau de puissance implique que le GS tourne à vitesse constante, laquelle est fixée par la fréquence du réseau et le nombre de pôles de la machine. L'excitation est fournie par le système de bagues et balais ou par un système *brushless* avec un redresseur tournant. La mise en œuvre d'un convertisseur dans un système multipolaire sans engrenages permet un entraînement direct à vitesse variable. Toutefois, cette solution implique l'utilisation d'un générateur surdimensionné et d'un convertisseur de puissance dimensionné pour la puissance totale du système.

1.4.2.2 Générateur Synchrone à Aimants Permanents (PMSG)

La caractéristique d'auto excitation du PMSG lui permet de fonctionner avec un facteur de puissance élevé et un bon rendement, ce qui le rend propice à l'application à des systèmes de génération éolienne (Ackermann, 2005). En fait, dans la catégorie des petites turbines, son coût réduit et sa simplicité en font le générateur le plus employé. Cependant, dans les applications de plus grande puissance, les aimants et le convertisseur (lequel doit faire transiter toute la puissance générée), en font le moins compétitif.

1.4.3 Autres Générateurs

Les éoliennes raccordées au réseau de puissance nécessitent un transformateur élévateur pour adapter la tension de la machine à celle du réseau. En conséquence, la mise en œuvre de générateurs

« haute tension » est une solution en cours d'évaluation. Cela permettrait, en conséquence, de diminuer les pertes par effet joule du système en éliminant le transformateur. C'est aussi au niveau de l'onduleur que cela peut-être intéressant avec des IGBT haute tension. Dans cette optique, les machines synchrones et à induction sont des options intéressantes pour des turbines éoliennes de plus de 3 MW. Cependant, leur coût élevé, des problèmes de sécurité et de durée de vie limitent leur commercialisation (Ackermann, 2005).

Les caractéristiques du générateur à réluctance commutée (SRG) sont la robustesse, une structure simple, un rendement élevé, des coûts réduits et la possibilité de fonctionner sans boite d'engrenages (Ackermann, 2005). Toutefois, son adaptation aux turbines éoliennes n'a pas été étudiée en détail. Les inconvénients consistent en une densité de puissance et un rendement inférieurs à ceux du PMSG. De plus, il nécessite un convertisseur dimensionné pour toute la puissance générée.

L'utilisation du générateur à flux transversal (TFG) est aussi à l'étude. Il s'agit d'une option intéressante, encore peu évoquée pour une application aux systèmes de génération éolienne. Ce générateur autorise un nombre de pôles élevé pour une application *gearless*. Cependant, le nombre de composants nécessaires et une technologie encore à ses débuts en limitent son application (Ackermann, 2005).

1.4.4 Types de Machines Electriques pour les Petites Eoliennes

Trois types de machines électriques se retrouvent principalement dans une éolienne de petite taille (<20 kW) : l'alternateur à aimants permanents, la génératrice à courant continu et l'alternateur à excitation bobinée sans balai. Chaque machine a des avantages et des inconvénients qui lui sont propres (Association Canadienne de l'Energie Eolienne ACCE, 2006).

Dans les alternateurs à aimants permanents, le champ magnétique créé par les aimants est constant. Ces alternateurs sont beaucoup plus légers que les autres types de générateurs qui utilisent un enroulement de cuivre autour d'un noyau magnétique pour créer le champ magnétique. Les alternateurs à aimants permanents produisent un courant et une tension de fréquence proportionnelle à la vitesse de rotation (qui varie elle-même avec la vitesse du vent dans le cas d'une éolienne). Ainsi, un matériel électrique conçu pour fonctionner à la fréquence du réseau ne peut pas être connecté directement à l'alternateur d'une éolienne. Il est nécessaire de passer par un convertisseur de fréquence, en général, par un redresseur et un onduleur. La tension intermédiaire délivrée par le redresseur étant de nature continue, un stockage d'énergie sous forme de batterie est en outre envisageable.

La génératrice à aimants permanents est simple et présente un bon rendement. Dans plusieurs éoliennes de petite taille, les aimants tournent autour du stator alors situé au centre de la machine. Il est possible d'immobiliser le rotor en présence de vents modérés de façon à réaliser la maintenance de la turbine.

Certains fabricants affirment que les alternateurs à aimants permanents sont les meilleures machines pour de petites éoliennes en raison d'un entretien réduit. L'entretien d'une génératrice à courant continu est plus fréquent puisqu'il faut remplacer les balais tous les 6 ou 10 ans. Toutefois, ce remplacement ne présente pas de difficultés particulières. Pour le fabricant, le principal avantage des alternateurs à aimants permanents réside dans leur coût relativement faible : les aimants sont moins coûteux que les bobinages en cuivre dans la gamme de puissance des petites éoliennes. Il y a également d'autres avantages pour l'utilisateur : le freinage dynamique et la production d'un courant alternatif plutôt que continu, ce qui représente des économies à l'achat du câble électrique reliant l'éolienne à l'armoire électrique.

Cependant, contrairement aux alternateurs à aimants permanents dans lesquels l'induction d'excitation demeure constante, l'induction magnétique dans l'alternateur à rotor bobiné peut être modulée selon la vitesse du vent pour une utilisation optimale de l'éolienne.

Un avantage des alternateurs à inducteur bobiné est leur capacité de démarrage par vents faibles. Ceci s'explique par le fait qu'il n'y a presque pas de flux magnétique développé par l'inducteur, donc une très faible résistance au mouvement pour l'armature en rotation. L'induction magnétique peut être augmentée au fur et à mesure que les vents se renforcent. En conséquence, la génératrice à rotor bobiné permet de délivrer une puissance évoluant comme le cube de la vitesse du vent, multipliant par 8 la puissance recueillie en sortie de la génératrice lorsque la vitesse du vent double. Les alternateurs à aimants permanents présentent une induction magnétique constante quelle que soit la vitesse de rotation du rotor. Le rotor est donc plus difficile à démarrer et l'alternateur n'est performant que dans une gamme limitée de puissance. Les autres points de fonctionnement ne correspondent qu'à des compromis lors du dimensionnement, ce qui est particulièrement pénalisant en cas de vents moyens ou faibles, c'est-à-dire le plus souvent pour une éolienne.

Afin de limiter ce problème, les fabricants qui utilisent des alternateurs à aimants permanents conçoivent les pales pour maximiser le couple de démarrage afin que le rotor puisse démarrer à vent réduit. Cette conception d'hélice a aussi un impact sur le rendement aérodynamique à des vitesses de vent plus élevées.

Quant aux alternateurs à excitation sans balais, ils cumulent les avantages des deux types de machines. Ils possèdent un inducteur bobiné et n'ont pas de balais. Cependant, comparativement aux alternateurs à aimants permanents, les alternateurs sans balais sont plus complexes. Ils sont donc plus coûteux, à l'achat comme à l'entretien.

1.5 Systèmes de Stockage pour la Production d'Electricité

Le stockage d'électricité présente plusieurs attraits importants pour la génération, la distribution et l'utilisation de l'énergie électrique. Pour le réseau public, par exemple, une installation de stockage d'énergie est utile pour conserver l'électricité générée durant les périodes creuses de consommation afin de la restituer lors des fortes demandes. Le stockage d'énergie permet de fournir de l'énergie de soutien (*back-up*) en cas de panne de réseau ; le stockage d'énergie est la seule réponse possible à une perte du réseau d'alimentation électrique. Le stockage d'énergie joue aussi un rôle important dans la génération d'électricité à partir de sources renouvelables (Breeze, 2005 ; Ribeiro *et. al.*, 2001). La nature intermittente des sources renouvelables comme le solaire, l'éolien et les marées rendent nécessaire une forme de stockage.

Cependant, le stockage de l'énergie n'est pas encore largement répandu. La disponibilité et le coût élevé des différentes technologies expliquent en partie cet état de fait. Avant les années 1980, le pompage de l'eau dans les centrales hydrauliques constituait pratiquement le seul système de stockage de l'énergie électrique à grande échelle. Depuis, d'autres systèmes se sont développés et les applications domestiques sont en plein développement mais le coût reste un handicap.

1.5.1 Types de Stockage d'Energie

L'électricité doit être consommée au moment même de sa génération. Le réseau électrique doit donc être régulé en permanence et les systèmes de dispatching équilibrent la demande d'électricité et sa production. Disposer d'une réserve d'électricité apparaît comme un atout majeur pour le fonctionnement du réseau. Cependant, le stockage de l'électricité est difficile à maîtriser.

Les deux moyens réalistes de stockage électrique utilisent pour l'un : une bobine (éventuellement supraconductrice) dans laquelle est conservé un courant continu ; pour l'autre : un condensateur aux bornes duquel est conservée une tension continue. Les autres systèmes de stockage passent par une autre forme d'énergie (cinétique, chimique…) : l'énergie doit alors être reconvertie en électricité pour être restituée.

Une batterie rechargeable donne l'illusion de stocker de l'électricité ; en réalité, elle conserve l'énergie sous une forme chimique. Une centrale hydraulique à pompage utilise l'énergie potentielle. Un volant d'inertie conserve l'énergie cinétique. Un système de stockage à air comprimé (CAES, de *Compressed Air Energy Storage*) conserve une autre forme d'énergie potentielle.

Parmi toutes ces solutions de stockage d'électricité, plusieurs sont déjà disponibles au niveau commercial, d'autres sont encore au stade du développement. Chacune a ses avantages et ses inconvénients.

Pour le stockage à grande échelle, trois technologies sont actuellement disponibles (Breeze, 2005) : le stockage par pompage d'eau, par air comprimé et, dans une moindre mesure, dans des grandes batteries. Les batteries, les volants d'inerties et les systèmes de stockage capacitif sont aussi utilisés dans les petites et moyennes installations de stockage d'énergie. Le stockage d'énergie sous forme magnétique à l'aide de bobinage supraconducteur (SMES, de *Superconductiong Magnetic Energy Storage*) est utilisé dans des installations de petite taille et serait envisageable dans de plus grandes installations mais il a encore un coût élevé (Breeze, 2005 ; Ribeiro *et. al.*, 2001).

Pour les systèmes isolés de petite puissance qui utilisent des énergies renouvelables, le moyen de stockage habituellement utilisé repose sur la mise en œuvre de batteries. En particulier, les batteries au plomb présentent l'avantage d'une grande disponibilité et celui d'un rapport prix/durée de vie satisfaisant. Un état de l'art des différentes formes de stockage et un bilan des technologies de batteries se trouvent dans l'annexe B.

1.6 Applications des Turbines Eoliennes

À la différence des siècles passés, il n'est plus nécessaire d'installer les systèmes éoliens précisément sur le lieu d'utilisation de l'énergie. Les systèmes éoliens sont maintenant utilisés pour générer de l'énergie électrique qui est transférée par un réseau électrique sur une distance plus ou moins grande vers les utilisateurs.

Les systèmes de génération éolienne individuels (*stand-alone*) qui fournissent de l'électricité à de petites communautés sont assez répandus. La caractéristique intermittente du vent est à l'origine de systèmes hybrides avec un soutien diesel et/ou photovoltaïque pour l'utilisation dans des endroits isolés. Pour augmenter la puissance, les turbines éoliennes peuvent être regroupées en parcs éoliens et transférer l'énergie au réseau public à travers leurs propres transformateurs, lignes de transport et sous-stations. Les parcs éoliens tendent à se déplacer vers des sites marins (*off-shore*) pour capter davantage d'énergie du vent.

1.6.1 Systèmes de Puissance Isolés et Emploi de l'Energie Eolienne

Les systèmes de puissance isolés alimentés en électricité par des moyens éoliens et autres formes d'énergie renouvelable émergentes sont aujourd'hui des options techniquement fiables. Ces systèmes sont fréquemment perçus comme plus appropriés pour l'alimentation locale de puissance dans les pays en développement. Le progrès technologique leur assure un potentiel important comme éléments de génération distribués pour les grands réseaux de puissance dans les pays développés.

Durant les dernières années, d'importants efforts ont été menés pour l'implémentation de l'énergie éolienne dans des systèmes de puissance locaux et régionaux à travers l'intégration de systèmes de distribution de petite et moyenne taille (Ackermann, 2005). De nombreux travaux ont été publiés et il existe une littérature abondante sur le sujet. Les études et le développement des systèmes éoliens pour les clients isolés sont néanmoins réalisés majoritairement au cas par cas et il est difficile de généraliser les résultats d'un projet à l'autre.

Dans le domaine de l'électrification rurale, il existe normalement deux méthodes pour fournir de l'énergie électrique :
    a) Extension du réseau de puissance
    b) Utilisation de générateurs diesel.

Pour des lieux éloignés ces deux solutions peuvent être excessivement onéreuses. L'introduction de technologies renouvelables peut contribuer à diminuer les coûts de fourniture d'énergie pour ces sites isolés en réduisant les coûts de fonctionnement. Les technologies renouvelables, autres que la biomasse, sont dépendantes d'une source non-fatale (*dispatchable*) ; la combinaison d'une technologie renouvelable de coût faible avec une technologie non-fatale plus coûteuse représente donc une option intéressante.

Les systèmes de puissance qui utilisent plusieurs sources de génération sont appelés « systèmes de puissance hybrides ». Pour fournir de l'électricité à une communauté éloignée, ces systèmes intègrent différents composants : production, stockage, conditionnement de puissance et systèmes de commande.

Les systèmes hybrides classiques sont composés d'un bus à courant continu (DC) pour le groupe de batteries et d'un autre à courant alternatif (AC) pour le générateur et la distribution. Cependant, les récents progrès dans les domaines de l'électronique de puissance et des systèmes de commande permettent de réduire les coûts avec une structure employant un seul bus AC. Les sources renouvelables peuvent être connectées au bus AC ou au bus DC, selon la taille et la configuration du système. Les systèmes produisant de l'énergie pour plusieurs maisons et/ou points de consommation fournissent habituellement de la puissance en courant alternatif ; quelques charges peuvent toujours se raccorder au bus DC. Ce type de système peut produire quelques kilowattheures (kWh) jusqu'à plusieurs mégawattheures (MWh) par jour.

Les systèmes qui alimentent de petites charges, de l'ordre de quelques kWh/jour, utilisent de préférence le bus DC uniquement. Pour des charges plus importantes, les systèmes utilisent plutôt le bus AC comme point principal de connexion. La tendance est alors que chaque source possède son convertisseur avec sa propre commande intégrée, ce qui permet une coordination de la production. Des écarts importants existent entre les différentes configurations possibles.

Taux de Pénétration du Vent

La quantité d'énergie récupérée par les technologies associées aux sources renouvelables dans les systèmes de puissance isolés influence la structure, la performance et l'économie du système. Le *taux de pénétration du vent* relie la puissance produite par des moyens de génération éoliens et la puissance totale du système de puissance.

Le rapport de pénétration instantanée (P_{wind}/P_{load}) est une mesure technique qui détermine la structure, les composants et les principes de commande à utiliser pour le système. Le rapport de pénétration moyenne (E_{wind}/E_{load}) est une mesure de type économique qui détermine le coût de l'énergie du système et indique le pourcentage de la génération qui sera produite par la source renouvelable. La détermination du niveau optimal de pénétration moyenne de l'éolien dépend de l'écart entre le coût d'installation de la puissance éolienne et les économies associées au remplacement du carburant par l'énergie renouvelable.

1.6.1.1 Systèmes Hybrides avec Technologie Eolienne

Dans les systèmes utilisant un bus DC, le groupe de batteries joue le rôle de réservoir de puissance qui permet d'amortir les fluctuations du flux de charge à très court terme et à long terme. La régulation est réalisée de manière autonome, selon quelques paramètres spécifiques de la batterie.

Pour les systèmes à courant alternatif, l'objectif est d'obtenir un équilibre de la production énergétique, réglant la tension et la fréquence. Pour obtenir une tension à une amplitude et une fréquence stables, diverses méthodes sont utilisées, comme les condensateurs synchrones, des groupes de batteries contrôlables, mécanismes de stockage, des convertisseurs électroniques de puissance et des systèmes de commande.

Dans certains cas, de petites turbines éoliennes, de puissance allant jusqu'à 20 kW, sont directement raccordées aux dispositifs de charge. Les exemples les plus courants sont pour le pompage de l'eau, mais d'autres applications comme la fabrication de glace, chargement de batteries et compression d'air sont prises en compte.

Chapitre 1 – Systèmes de Conversion Eoliens

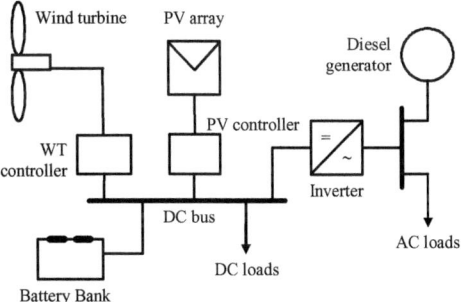

Figure 1.8. Système hybride de puissance avec bus DC avec sources renouvelables et générateur diesel

Systèmes Hybrides DC pour des Petites Communautés Isolées

La figure 1.8 montre un système de petite puissance DC conventionnel avec une liaison en courant alternatif à travers un onduleur. La majorité de ces systèmes présente une structure où le bus DC de la batterie est le point central de connexion. En général, les petites éoliennes produisent de l'électricité en AC à fréquence variable, laquelle est redressée et appliquée au bus DC. Cette énergie est ensuite stockée ou reconvertie en AC (à amplitude et fréquence fixes) à travers un onduleur pour fournir de l'énergie à la charge.

La commande de ces petits systèmes est faite en fonction de l'état de charge de la batterie. Le générateur éolien doit limiter sa tension de sortie et dériver la puissance produite lorsque la batterie est complètement chargée et ne peut donc plus stocker d'énergie. A l'opposé, l'onduleur et la charge doivent se déconnecter pour arrêter la décharge de la batterie quand la tension atteint un niveau limite inférieur prédéfini. Ces deux propriétés impliquent une conception adaptée du système, optimisant ainsi les ressources énergétiques et conduisant à une quantité minimale d'énergie non fournie.

Systèmes Hybrides AC pour des Petites Communautés Isolées

Dans cette topologie (mini-réseau), les différentes sources de production sont raccordées au bus commun de distribution en courant alternatif avec des onduleurs dédiés (Figure 1.9). De telles structures associent des composants de génération en DC ou en AC. La faisabilité technique et économique de cette structure est liée aux progrès des convertisseurs statiques et de leur commande.

L'avantage principal est la modularité qui permet la connexion et/ou le remplacement de modules de production en cas de besoin de plus d'énergie. L'installation des éléments sur tout le mini-réseau est possible, ce que le système avec bus DC ne permet pas.

Un désavantage de ces systèmes est qu'ils ont besoin de technologie évoluée, donc chère et d'application difficile dans des lieux isolés. De plus, lors du stockage de l'énergie, celle-ci doit passer du point de génération vers le bus AC et traverser le convertisseur bidirectionnel qui relie la batterie au système ; ceci signifie que, dans les systèmes fonctionnant avec une forte capacité de stockage, cette topologie présente des niveaux de pertes supérieurs.

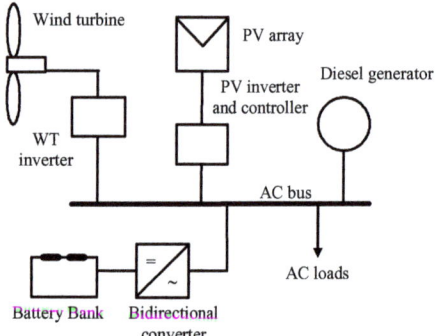

Figure 1.9. Système hybride de puissance avec mini-réseau avec sources renouvelables

1.6.1.2   Systèmes Hybrides *Wind-Diesel*

Dans les systèmes isolés de grande puissance qui associent des turbines éoliennes et des machines génératrices diesel, la distribution est faite en AC. Cette association de système de génération est nommée *wind-diesel*. Ces systèmes produisent de l'énergie avec une ou plusieurs sources éoliennes afin de réduire la consommation de carburant, tout en gardant une qualité de l'énergie acceptable. Pour être économiquement justifié, l'investissement en équipement nécessaire pour profiter de l'énergie du vent, doit se récupérer à travers les économies réalisées sur le carburant. A cause de la grande quantité de mini-réseaux isolés dont l'énergie primaire est le pétrole, dans les pays développés ou dans les pays en voie de développement, le marché pour réadapter ces systèmes en systèmes hybrides avec des sources renouvelables de faible coût, comme l'éolien, est substantiel.

Un des défis présenté par l'incorporation de l'énergie du vent dans les centrales diesel est la difficulté de réguler la tension et la fréquence du système, car la production des éoliennes est liée aux conditions aléatoires du vent. Les problèmes de stabilité de la tension et de la fréquence augmentent avec la quantité relative de production éolienne par rapport à la puissance totale du système. Ceci illustre la manière dont le *taux de pénétration du vent* dans le système de puissance peut influencer fortement la conception du système et de ses composants.

1.6.1.3 Evolution de l'Eolien dans les Sites Isolés

Les turbines éoliennes installées dans un système isolé d'une communauté rurale diffèrent des turbines placées dans les fermes éoliennes « *offshore* » au Danemark. Il est utile de présenter une catégorisation des systèmes de puissance selon le niveau de puissance installée. Une classification est montrée dans le Tableau 1.1.

Un microsystème utilise typiquement une petite turbine éolienne avec une capacité de moins de 1 kW. Un système pour un village a généralement une capacité entre 1 kW et 100 kW, avec une ou plusieurs turbines éoliennes de l'ordre de 1 à 50 kW. Un système de puissance insulaire est normalement de 100 kW jusqu'à 10 MW de puissance installée et ses éoliennes sont dans la gamme des 100 kW à 1 MW. Un grand système de puissance interconnecté est normalement plus grand que 10 MW, avec plusieurs grandes turbines éoliennes de plus de 500 kW installées sous forme de centrales d'énergie éolienne ou de fermes éoliennes.

Tableau 1.1. Classification des systèmes de puissance

Puissance installée (kW)	Catégorie	Description
< 1	Micro systèmes	Système DC d'un seul nœud
1 – 100	Systèmes de puissance pour village	Système de puissance de petite taille
100 – 10000	Systèmes de puissance pour île	Réseau de puissance isolé
> 10000	Grands systèmes interconnectés	Grand système de puissance

Les niveaux théoriques de pénétration moyens du vent proposés par Ackermann (2005) pour les systèmes du tableau 1.1 sont tracés sous forme de boites en nuances de gris dans la Figure 1.10. Ces valeurs sont ordonnées en fonction de la capacité totale installée du système. Selon cet auteur, les valeurs de pénétration du vent pour un microsystème devraient être supérieures à 90 % de la génération totale et entre 60% et 100% pour le système alimentant un village. Pour un système isolé de forte puissance, le niveau de pénétration du vent n'aurait pas de limites (ni inférieure ni supérieure) mais, pour un grand système interconnecté (> 10 MW), la valeur maximale proposée est de l'ordre de 65%.

Pour les systèmes de grande puissance, la situation existant au Danemark en 1998 et une projection pour l'année 2030 sont utilisées à titre de référence. La courbe en tirets montre la situation actuelle correspondant à des systèmes réels en fonctionnement. Elle indique que le niveau de pénétration de l'énergie éolienne dans les systèmes de puissance réels diminue avec l'augmentation de la capacité du système de puissance.

La courbe pointillée indique le potentiel de développement futur vers des niveaux de pénétration éoliens plus importants, envisageables pour les 20 ou 30 ans à venir. L'île de Froya, est un lieu de recherche norvégien présentant un taux de pénétration moyen du vent de l'ordre de 95%. Il sert de référence pour placer la courbe du futur pour les systèmes de puissance.

La faisabilité théorique d'un taux de pénétration très élevé d'énergie éolienne change radicalement dans la gamme des systèmes de 100 kW à 10 MW. Dans cette gamme, la génération d'électricité conventionnelle est basée sur la génération diesel dont le coût énergétique est plus élevé qu'avec les centrales classiques. Les raisons principales des faibles niveaux de pénétration dans les plus grands systèmes sont alors principalement économiques, même si actuellement le coût de production de l'énergie éolienne est à un niveau équivalent à celui de la plupart des sources conventionnelles. Pour n'importe quelle configuration donnée, il y a un taux de pénétration éolien limite, au dessus duquel le retour économique d'un ajout d'énergie éolienne commence à diminuer. En complément, les managers des grands systèmes doivent adopter une approche prudente à cause des fortes fluctuations de l'énergie éolienne qui demande une énergie de réserve pour compenser.

Chapitre 1 – Systèmes de Conversion Eoliens

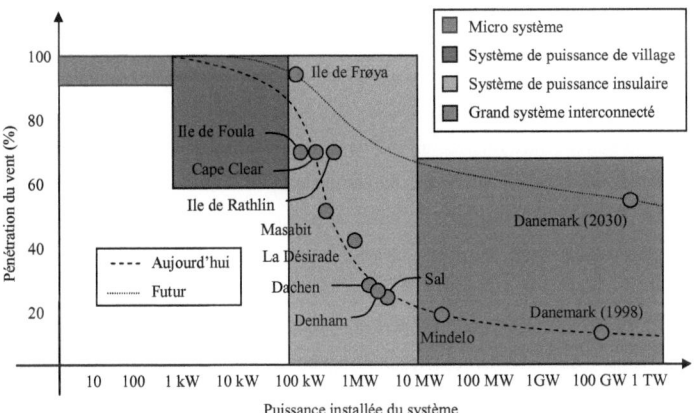

Figure 1.10. Développement présent et futur de la pénétration du vent vs. la capacité installée
[Source : Ackermann, 2005]

Comme l'indique la ligne pointillée à la Figure 1.10, un niveau de pénétration éolienne beaucoup plus important est néanmoins prévu dans l'avenir. Ainsi, le défi des systèmes nationaux (et internationaux) sera d'augmenter la pénétration éolienne à des niveaux actuellement observés pour les systèmes plus petits et isolés. Un grand soin doit être pris dans le processus d'introduction de l'énergie éolienne dans les systèmes isolés de puissance élevée, car les échecs obtenus dans le passé sont nombreux à cause de conceptions ambitieuses, comportant un haut degré de complexité, associé à une expérience très limitée dans développement de ce type de projets. L'approche recommandée est donc une augmentation progressive, partant de la courbe en tirets de la Figure 1.10 pour se déplacer vers la ligne pointillée par une approche point par point en appliquant des concepts simples, robustes, fiables et bien évalués.

1.6.1.4   Systèmes et Expérience

Pour accompagner le développement rapide de la technologie des turbines éoliennes, les différentes configurations reprennent des concepts antérieurs et sont plutôt bien connues. Une grande variété de concepts et d'applications rend néanmoins l'état de l'art des systèmes éoliens de puissance plus difficile à évaluer.

Le tableau 1.2 montre un résumé des plus grands systèmes de puissance hybrides installés dans le monde au cours de la dernière décennie. Tous ces systèmes produisent de l'électricité pour leurs communautés, cependant la plupart d'entre eux sont installés dans le cadre de projets de démonstration ou de validation avec un certain degré de cofinancement public. D'autres systèmes ont été installés dès la moitié des années 80 par quelques laboratoires de recherche d'Amérique du Nord et d'Europe (Ackermann, 2005). Le niveau de puissance de ces diverses applications va de quelques quinzaines de kW à la centaine de kW.

Tableau 1.2. Liste d'une sélection de systèmes de puissance hybrides installés dans le monde pendant la dernière dizaine d'années (Ackermann, 2006)

Site	Pays ou region	Période d'évaluation	Puissance Diesel (kW)	Puissance éolienne (kW)	Caractéristiques	Pénétration du vent (%)
Wales	Alaska	1995-2003	411	130	Chauffage, Stockage	70
St. Paul	Alaska	1999	300	225	Chauffage	
Alto Baguales	Chili	2001	13000	1980	Gén. Hydraulique	16
Denham	Australie	2000	1970	690		50
Sal	Cape Vert	1994-2001	2820	600	Désalinisation	14
Mindelo	Cape Vert	1994-2001	11200	900	Désalinisation	14
Ile de Dachen	China	1989-2001	10440	185		15
Fuerteventura	Iles Canaries	1992-2001	150	225	Désalinisation, glace	
Ile de Foula	Iles Shetland	1990-2001	28	30	Chauffage, Gén. Hydraulique	70
La Désirade	Guadeloupe	1993-2001	880	144		40[a]
Marsabit	Kenya	1988-2001	300	150		46
Cape Clear	Irlande	1987-1990	72	60	Stockage	70[a]
Ile de Rathlin	Irlande du Nord	1992-2001	260	99	Stockage	70
Ile de Kythnos	Grèce	1995-2001	2774	315	Stockage, gén. Photovoltaïque	
Ile de Frøya	Norvège	1992-1996	50	55	Stockage	94
Ile de Lemnos	Grèce	1994-	10400	1140		

[a] : valeur de crête

1.6.1.5 Expérience sur les Systèmes de Puissance Hybrides

Plus d'une quinzaine de systèmes de puissance diesel-éoliens fonctionnent aujourd'hui dans le monde (Ackermann, 2005). Le Tableau 1.2 donne un résumé de ces projets. Le retour d'expérience de quelques uns de ces projets montre les différentes options pour associer l'utilisation de la technologie diesel avec d'autres sources renouvelables, particulièrement l'éolien. Ces systèmes montrent aussi l'application de ces installations dans des emplacements très éloignés, sans accès aisé à une infrastructure développée ni à une assistance technique évoluée.

Wales, Alaska: Un Système de Puissance Hybride Wind-Diesel de Haute Pénétration
La charge électrique moyenne pour cette communauté est d'environ 70 kW. Le système de puissance hybride diesel-éolien placé à Wales, en Alaska, a commencé à fonctionner en mars 2002. Il combine des générateurs diesel d'une puissance totale de 411 kW, deux turbines éoliennes de 65 kW et un groupe de batteries de 130Ah, un convertisseur de puissance tournant et d'autres composants de commande. Le but initial du système est de satisfaire la demande électrique du village avec une qualité de l'électricité élevée, tout en minimisant la consommation de gas-oil et le temps de fonctionnement des moteurs diesel. Le système fournit aussi l'énergie éolienne en excès à plusieurs charges thermiques dans le village, économisant ainsi encore plus de carburant.

Les estimations indiquent que les éoliennes fournissent de électricité avec une pénétration moyenne d'approximativement 70 %, économisant de cette façon 45 % de la consommation de carburant, tout en réduisant le temps de fonctionnement des moteurs diesel de 25%.

Alto Baguales, Chile: Un Système de Puissance Diesel-Eolien-Hydraulique à Coyhaique
Le système fournit de l'énergie à la capitale régionale Coyhaique, au sud du Chili, produisant une puissance maximale de 13.75 MW. A l'automne 2001, trois turbines éoliennes de 660 kW ont été installées en complément à la production diesel et hydraulique déjà existante. Il est prévu que le projet d'énergie éolienne à Alto Baguales pourra fournir plus de 16 % du besoin local en énergie électrique et économiser environ 600000 litres de gas-oil par an. Les turbines sont commandées à distance depuis le local des générateurs diesel et fonctionnent à un facteur de charge proche de 50 % à cause des vents forts sur le site.

Jusqu'à présent, la pénétration la plus haute enregistrée atteint 22 % de la demande totale. A partir de l'été 2003, il est prévu d'installer de la capacité hydraulique complémentaire pour que le système puisse fournir toute la charge avec la génération éolienne et l'hydro-électricité, éliminant complètement la production diesel.

Cap Vert: Les Trois Plus Grands Systèmes de Puissance Nationaux
L'archipel de la République de Cap Vert est constitué de 10 îles principales à proximité de la côte occidentale de l'Afrique. Depuis les années 1990, trois systèmes diesel–éoliens fournissent de manière très satisfaisante de la puissance électrique pour les trois communautés principales de Cap

Vert : Sel, Mindelo et Praia. Trois turbines éoliennes de 300 kW dans chaque site sont connectées au réseau de distribution diesel existant. Les charges moyennes pour les communautés varient de 1.15 MW pour le plus petit, Sel, à 4.5 MW pour le plus grand, situé à Praia, la capitale nationale.

Ces systèmes de puissance fonctionnent à des taux mensuels de pénétration éoliens d'environ 25 %, selon le système et la saison. Les pénétrations annuelles montant jusqu'à 14 % pour le Sel et Mindelo ont été obtenues. Une pénétration éolienne mensuelle maximale de 35 % a été atteinte dans le Sel, sans impact défavorable sur le système. L'expérience acquise de ces trois sites éoliens a été jugée positivement et cela a abouti au démarrage d'une deuxième phase, avec laquelle la pénétration éolienne des trois systèmes de puissance sera presque doublée. Ces extensions auront pour conséquence d'augmenter la pénétration éolienne à des niveaux de 30 % (à Mindelo). Une réduction complémentaire de 25 % de la consommation moyenne annuelle de gas-oil est escomptée.

Australie: Station de Puissance Wind-Diesel à Denham

La centrale électrique diesel-éolienne de Denham est placée sur la côte occidentale de l'Australie, au nord de Perth, la capitale régionale. Le système de puissance a une demande maximale de 1200 kW, qui peut être fournie par 690 kW éoliens (trois turbines de 230 kW), et quatre moteurs diesel d'une puissance totale de 1720 kW, plus un dernier moteur pour les cas de charge très faible. L'installation a un éventail de charge de +250kW et -100 kW. Le système de puissance est commandé à partir d'un centre de commande placé dans la centrale électrique et qui permet le fonctionnement entièrement automatisé avec une surveillance technique minimale.

Le système de commande permet la mise hors de fonctionnement des moteurs diesels, aboutissant alors à une pénétration moyenne de 50 %. Le système de puissance fonctionne depuis plus de trois ans, alimentant le réseau avec la qualité adéquate et permettant des économies d'environ 270000 litres de carburant par an.

1.6.2 Systèmes Eoliens Connectés à des Grands Réseaux

Plus de 95% de la capacité mondiale d'énergie éolienne est raccordée à des grands réseaux de puissance (Hau, 2006). Ceci s'explique par les nombreux avantages du fonctionnement des centrales éoliennes sur les réseaux :

a) La puissance des turbines éoliennes ne doit pas être nécessairement commandée en fonction de la demande instantanée d'un client spécifique,

b) Le manque de puissance délivrée par les éoliennes est compensé par les centrales conventionnelles,

c) La fréquence du réseau est aussi maintenue par les autres centrales et elle peut être utilisée pour la commande de la vitesse des éoliennes.

Ainsi, le fonctionnement des turbines éoliennes connectées aux réseaux est techniquement moins complexe que son application individuelle isolée.

1.6.2.1 Systèmes Distribués

L'opération d'une ou quelques turbines éoliennes par des clients privés ou industriels est le premier champ d'application des éoliennes qui est arrivé à un statut commercial. Premièrement au Danemark, où la législation, les subventions pour la génération à partir de sources renouvelables – surtout éolienne – et l'expérience technique dans la construction et le fonctionnement d'éoliennes ont rendu ce développement possible à partir de 1978. Dès les années 90, le progrès significatif des turbines éoliennes en Allemagne est aussi dû à des lois qui encouragent la production d'énergie par des moyens renouvelables (Hau, 2006).

L'installation distribuée de turbines éoliennes est faite presque exclusivement en connexion au réseau de puissance des entreprises électriques. La consommation du client est enregistrée par un compteur normal et la puissance produite par l'éolienne est injectée au réseau public et comptabilisée à travers un autre compteur. La facturation est faite séparément, selon la consommation et la production d'énergie.

1.6.2.2 Parcs Eoliens

Même en prenant en compte les plus grandes turbines éoliennes actuelles, d'une puissance nominale de quelques mégawatts, la puissance délivrée par une seule turbine reste une quantité petite par rapport à celle d'une centrale conventionnelle. D'autre part, dans la majorité des pays, les zones proposant des vitesses de vent techniquement utilisables sont restreintes à quelques régions seulement. Ceci crée la nécessité d'assembler dans ces lieux autant d'éoliennes que possible, indépendamment de la demande énergétique locale. De cette façon apparaissent les parcs ou fermes éoliennes, qui consistent en une concentration de nombreuses éoliennes en groupes spatialement organisés et interconnectés. Ce groupement offre de nombreux avantages techniques. De plus, d'un point de vue économique, il est plus intéressant en termes de coût d'installation et de raccordement au réseau, car de longues lignes d'interconnexion au réseau sont justifiées uniquement pour un nombre relativement élevé de turbines éoliennes.

Entre les années 1982 et 1985, les premiers grands ensembles d'éoliennes ont été installés en Californie, avec de petites unités élémentaires dont la puissance varie entre 20 et 100 kW. En Allemagne, l'utilisation de l'énergie éolienne s'est basée dès le commencement sur l'installation de grandes turbines éoliennes en nombre important. Les parcs éoliens de plusieurs mégawatts forment déjà une partie de la matrice énergétique de nombreux pays (Hau, 2006).

Parcs Marins (Off-Shore)

Il est prévu que durant la prochaine décennie, une part relative de 25% de la nouvelle capacité de production électrique sera d'origine éolienne (Chen and Blaabjerg, 2006). Cependant, il s'avère délicat de trouver des endroits pour installer des grandes fermes éoliennes dans les régions développées. Le développement de systèmes éoliens sur la mer (off-shore) évite les conflits à propos des emplacements en terre. Cette solution présente aussi l'avantage de compter avec des vents plus consistants et moins turbulents, ce qui engendre une production plus importante avec des efforts mécaniques de pointe plus faibles dans les turbines. Les progrès de la technologie rendent cette option de plus en plus intéressante. Les conditions actuelles nécessaires pour l'installation d'une ferme éolienne sont, selon Chen and Blaabjerg (2006) :

a) Hauteur modérée des vagues,
b) Eaux peu profondes,
c) Un vent moyen de quelques 7 m/s.

Le Danemark est pionnier dans le développement et l'installation de ce type de technologie, construisant en 1991 la première ferme *offshore* à Vindeby. Ce parc est composé de 11 turbines éoliennes de 450 kW chacune. Les deux plus grands parcs éoliens aujourd'hui sont aussi danois, celui de Horns Rev, entré en fonctionnement en 2002 et celui de Nysted, en 2003. Les capacités installées sont de 160 MW à Horns Rev (80 unités de 2 MW) et de 162.5 MW à Nysted (72 unités de 2.5 MW). Ces niveaux signifient approximativement quelques 600 GWh d'énergie par an produits par chaque parc (Chen and Blaabjerg, 2006).

D'autres grands projets de ce type sont en développement. L'Europe espère arriver à installer 10000 MW de cette façon dans les 5 années à venir. L'Allemagne projette à elle seule de construire 3500 MW d'ici 2010. L'Irlande a déjà donné le feu vert pour la construction d'un parc de 520 MW avec 200 éoliennes dans la mer irlandaise. De leur côté, les Etats-Unis planifient l'installation de leur première ferme off-shore de 420 MW et 130 unités sur une surface de 65 km² dans le Massachussetts, de façon de produire 170 MW en moyenne, ce qui implique une réduction de 3 millions de barils de pétrole en moins à importer (Chen and Blaabjerg, 2006).

1.7 Tendances

En plus de l'installation de grands parcs *off-shore* et la fabrication de machines encore plus grandes, des projets de recherche portant sur tous les différents aspects de la technologie éolienne commencent à voir le jour. Ceci donne de l'espoir au développement de nouvelles conceptions pour faire de cette filière un outil de production encore plus présent et compétitif sur le marché énergétique.

1.7.1 Système Mécanique

De nouvelles sortes d'engrenages, comme les boites de vitesses planétaires à plusieurs étages (*multi-stage planetary gearbox*) et à étages hélicoïdaux (*helical stages*) sont en développement. Avec ces progrès, les systèmes devraient améliorer leurs rendements et la puissance mécanique récupérée. Des valeurs de couple et de vitesse de rotation supérieures sont synonymes d'une meilleure conversion électromécanique dans les générateurs fonctionnant à haute vitesse.

La conception et la fabrication des pales pour inclure des matériaux légers comme la fibre de carbone et des composites hybrides de carbone/verre sont aussi l'objet de programmes de recherche. Bien qu'étant plus coûteuse que la fibre de verre utilisée couramment, la fibre de carbone est beaucoup plus résistante et plus légère.

Les tours d'acier ou de ciment pour les turbines de plusieurs MW sont déjà courantes et permettent l'emploi de nouvelles méthodes de production de ces mâts pour éoliennes de façon à réduire les coûts de fabrication et de transport.

1.7.2 Système Electrique

De nouveaux générateurs, en configurations multipolaires, machines à haute tension, à réluctance commutée, à flux axial et transversal sont en développement pour réduire la masse et améliorer le rendement du générateur.

Pour réduire les coûts et augmenter le rendement des systèmes éoliens, de nouvelles améliorations de la conversion d'énergie employant des composants électroniques de puissance sont en cours. Dans ce contexte, de nouveaux dispositifs électroniques de puissance sont à l'en étude pour remplacer le silicium par du carbure de silicium (*silicon carbide*). Ce dernier a l'avantage de travailler à haute tension et de supporter des températures élevées. Cette technologie permettrait de réduire la taille des convertisseurs de puissance et de les faire plus compétitifs. L'utilisation de composants de moyenne tension pour diminuer le coût des systèmes de conversion des grandes turbines éoliennes. Actuellement, diverses topologies de convertisseurs statiques de plusieurs mégawatts sont aussi en développement pour fournir une conversion de puissance économiquement efficiente, avec une haute fiabilité et une qualité élevée.

1.7.3 Intégration de l'Energie Eolienne et Nouvelles Applications

Des aspects comme la prévision de la vitesse du vent et, en conséquence, l'estimation de la quantité de puissance apportée par les fermes éoliennes permettra de faire une prédiction plus juste de la valeur de l'électricité produite. Ceci aidera à la planification, à la programmation et à la coordination entre la génération et la demande du système et, aura ainsi des effets bénéfiques sur des contrats de fourniture d'énergie. Des actions au niveau de l'amélioration des précisions des modèles peuvent assurer le succès de ces progrès pour obtenir le maximum de profit à risque minimal.

La croissance rapide de la pénétration éolienne dans les réseaux de puissance présente aussi un nouveau défi pour les opérateurs des grands systèmes électriques. La production des parcs éoliens varie en permanence avec le temps, mais le réseau doit maintenir un équilibre constant entre la production et la demande. De nombreuses études sont menées pour connaître les effets de cette énergie stochastique sur la régulation et la stabilité des réseaux. Le but est alors d'informer les opérateurs et les planificateurs des réseaux pour leur faire connaître le réel impact associé à cette augmentation de la présence de l'énergie éolienne.

Pour fournir de l'énergie à coût marginal faible et stabiliser le fonctionnement dans un réseau avec de la production éolienne, un moyen est de combiner cette production avec de l'énergie hydraulique. Dans ce cas, d'importantes recherches concernant la génération, le transport et l'économie de ces systèmes associés sont en cours.

En plus des applications en chauffage et pompage déjà en utilisation, l'exploration de nouveaux marchés comme les systèmes de désalinisation, la production d'hydrogène, etc., permettra d'ouvrir de nouvelles opportunités d'usage de l'énergie propre à coût faible dans plusieurs secteurs, des systèmes hydrauliques jusqu'aux transports.

1.8 Conclusion

Dans ce chapitre, un bilan des principales formes d'énergies disponibles dans le monde a été présenté. La relation entre l'utilisation de l'énergie et les problèmes environnementaux induits a aussi été exposée. L'évolution de l'industrie électrique vers un marché concurrentiel ouvert et ses conséquences potentielles ont été abordées brièvement. Les caractéristiques économiques et environnementales des formes d'énergie renouvelable les plus utilisées à présent et la technologie éolienne actuelle ont été également montrées. Les différents types de générateurs électriques utilisés dans les turbines éoliennes et les principales applications des éoliennes, avec un segment spécialement consacré aux systèmes isolés, ont aussi été présentés. L'importance de l'emploi d'une boite de vitesses et des systèmes de stockage dans les systèmes de génération éoliens a été démontrée. Finalement, les dernières tendances et perspectives de développement de l'éolien ont été également présentées.

2 Optimisation d'un Système de Conversion Eolien

Nomenclature

P_t	Puissance mécanique de la turbine éolienne (W)
A	Surface de balayage des pales de l'éolienne (m²)
R	Longueur des pales de la turbine éolienne (m)
C_p	Coefficient de puissance de l'éolienne (–)
λ	Rapport de vitesses (*Tip-Speed Ratio* TSR) (–)
Ω	Vitesse de rotation de l'éolienne (tr/mn)
v	Vitesse du vent [m/s]
M	Rapport de transmission de la boite de vitesses (–)
P_m	Puissance électrique du générateur (W)
e	Force électromotrice du générateur (V)
u_s	Tension aux bornes du générateur (V)
i_s	Courant alternatif de stator du générateur (A)
Ω_G	Vitesse de rotation du générateur (tr/mn)
ω	Pulsation (fréquence) électrique du générateur (rad/s)
ψ_r	Flux induit par les aimants du générateur (Wb)
p	Nombre de paires de pôles du générateur (–)
Z_s	Impédance du générateur (Ω)
R_s	Résistance du bobinage de stator du générateur (Ω)
L_s	Inductance du bobinage de stator du générateur (H)
G	Coefficient de Gain de la fonction du C_p (–)
λ_0	λ maximal de la fonction du C_p (–)
a	Coefficient de la fonction du C_p (–)

2.1 Introduction

L'énergie éolienne est aujourd'hui la source renouvelable non conventionnelle la plus compétitive et qui a le taux de croissance le plus élevé (*World Energy Council*, 2004), (Mathew, 2006). Elle représente déjà une des formes d'énergie renouvelable les plus importantes pour la production d'énergie électrique (WEC, 2004). La quantité d'électricité produite dans le monde soit par les grandes fermes éoliennes soit par des petits systèmes de conversion d'énergie éolienne est en croissance constante.

L'application la plus courante des petits systèmes éoliens individuels est l'alimentation des lieux où le réseau public d'électricité n'arrive pas (Mathew, 2006 ; Hau, 2006) du fait d'une extension du réseau au coût élevé et pour lesquels l'aménagement de systèmes diesel n'est pas justifié au niveau économique et/ou environnemental.

Dans ce chapitre, un système sans commande électronique est présenté et optimisé pour fournir la plus grande quantité de puissance possible. Ceci permet d'obtenir un système performant avec très peu de composants, ce qui est un autre avantage pour les emplacements éloignés.

Lors de l'utilisation de systèmes de génération éoliens, la simplicité du système de production permet de diminuer les coûts de maintenance et d'augmenter la fiabilité. Le système étudié ici est composé d'une petite turbine éolienne à axe horizontal, d'une boite d'engrenages à un étage, d'un générateur synchrone à aimants permanents, d'un pont de diodes et d'un groupe de batteries.

Généralement, les structures fonctionnant à vitesse variable et commandées électroniquement permettent de maximiser la quantité d'énergie produite par les systèmes de conversion d'énergie éolienne (WECS, de *Wind Energy Conversion System*) (DeBroe *et. al.*, 1999), (Borowy et Salameh, 1997). Ces systèmes sont complexes, chers et ont besoin d'étages de conversion électrique complémentaires associés à des structures de commande particulièrement adaptées.

Dans cette partie, la conception d'un système simple de conversion éolien basé sur l'utilisation d'un nombre minimum de composants est optimisée. Ce système sera utilisé pour des applications individuelles. A partir du modèle du système, les équations de la puissance mécanique et de la puissance électrique du générateur sont obtenues. Ces expressions sont dépendantes des différents paramètres et variables du système de génération. La puissance électrique délivrée à la charge est

Chapitre 2 – Optimisation d'un Système de Conversion Eolien

dépendante de la vitesse de rotation du système en régime permanent. Dans ce système à tension continue fixe, la vitesse de rotation pour chaque vitesse de vent dépend de quelques paramètres de conception du système comme le rapport de transformation de la boite d'engrenages et la tension aux bornes de la batterie. L'objectif est ici de maximiser la puissance obtenue à partir du système proposé. Le problème est résolu en cherchant la combinaison optimale du rapport de la boite et la tension de batterie.

Le modèle statique du système est décrit dans une première partie. Le problème d'optimisation est ensuite présenté et la méthode de résolution exposée. Les résultats sont résumés et discutés à la fin de cette section.

Le système étudié est présenté à la figure 2.1. Il est composé d'une turbine éolienne à axe horizontal tripale qui prend l'énergie de la masse d'air en mouvement, d'une boite de vitesses élévatrice qui adapte les vitesses de rotation de l'éolienne et du générateur, d'une machine synchrone à aimants permanents pour la conversion électromécanique, d'un pont à diodes qui fait la conversion électrique AC/DC et d'un groupe de batteries pour le stockage d'énergie. La charge est supposée consommer toute l'énergie produite.

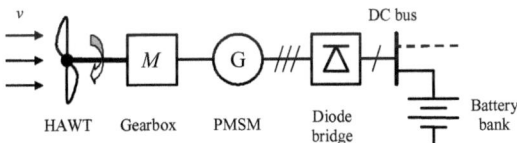

Figure 2.1. Système éolien individuel avec stockage d'énergie.

2.2 Système de Génération Eolien Sans Electronique de Commande

2.2.1 Système Mécanique

La puissance mécanique P_t qu'une turbine éolienne peut extraire d'une masse d'air traversant la surface balayée par son rotor est :

$$P_t = \frac{1}{2}\rho \cdot A \cdot C_p(\lambda) \cdot v^3 \tag{2.1}$$

ρ est la masse volumique de l'air (Kg/m³). Cette grandeur dépend des conditions de température et de pression du site. Comme référence, ρ est égal à 1.3 Kg/m³ à des conditions normales (CNTP : 0°C, 1 atm) et à 1.2 Kg/m³ pour l'air à 20°C (valeur typique). La surface balayée par le rotor de l'éolienne est notée A (m²), v est la vitesse du vent et C_p est le coefficient de puissance de la turbine éolienne. Ce coefficient dépend du rapport de vitesses λ (ou TSR, *tip speed ratio*) (Mathew, 2006 ; Hau, 2006), et il est caractérisé par les propriétés de la turbine éolienne (axe horizontal ou vertical, nombre et forme des pales, etc.) La figure 2.2 montre l'évolution du C_p en fonction de λ pour la turbine éolienne utilisée. Dans le chapitre 3 le sujet du C_p est traité avec plus de détail.

$$\text{TSR} = \lambda = \frac{\Omega R}{v} \tag{2.2}$$

La caractéristique non linéaire du coefficient de puissance C_p peut s'approximer soit par une fonction polynomiale (Borowy et Salameh, 1997), soit par une fonction rationnelle (Kariniotakis et Stravrakakis, 1995). La forme rationnelle proposée dans l'équation (2.3) a l'avantage de montrer de façon explicite des informations telles que le TSR maximal pour un C_p positif, λ_0, et la valeur approximative du TSR optimal pour Cp maximal $\lambda^* \approx (\lambda_0 - a)$. Une simple régression de moindres carrés peut s'utiliser pour ajuster les coefficients G et a. (Voir annexe C).

$$C_p(\lambda) \approx \frac{G \cdot \lambda(\lambda_0 - \lambda)}{a^2 + (\lambda_0 - \lambda)^2} \tag{2.3}$$

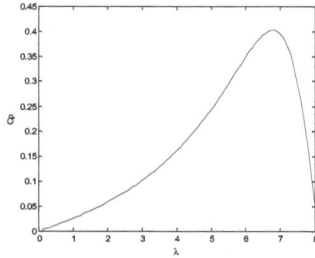

Figure 2.2. Courbe C_p (λ) caractéristique de la turbine éolienne du système proposé.

Pour adapter la vitesse de rotation relativement lente de la turbine éolienne à celle du générateur, on peut utiliser une boite d'engrenage (boite de vitesses). Pour des raisons de simplicité, l'équation (2.4) est utilisée comme modèle de ce système de transmission mécanique dans laquelle M représente le rapport de transformation (ou transmission) de la boite, Ω est la vitesse de rotation de l'arbre lent de la turbine éolienne et Ω_G celle de la machine électrique (arbre rapide).

$$\Omega_G = M \cdot \Omega \qquad (2.4)$$

La vitesse de rotation de l'arbre du générateur et la vitesse du champ électromagnétique ω (fréquence ou pulsation électrique) sont liées par une relation faisant intervenir le nombre de paires de pôles de la machine p ($\omega = p \cdot \Omega_G$). La puissance mécanique de l'éolienne peut alors s'exprimer en fonction du rapport de transmission M, de la pulsation électrique ω et de la vitesse du vent v :

$$P_t = \frac{\rho\,A\,R\,G}{2} \cdot \frac{\omega\,(\lambda_0\,p\,M\,v - R\,\omega)}{(a\,p\,M\,v)^2 + (\lambda_0\,p\,M\,v - R\,\omega)^2} \cdot v^3 \qquad (2.5)$$

Si on souhaite faire intervenir la vitesse de rotation de la turbine Ω, (2.5) permet aussi d'écrire la relation suivante :

$$P_t = \frac{\rho\,A\,R\,G}{2} \cdot \frac{\Omega\,(\lambda_0\,v - R\,\Omega)}{(a\,v)^2 + (\lambda_0\,v - R\,\Omega)^2} \cdot v^3 \qquad (2.6)$$

2.2.1 Système Electrique

2.2.1.1 Générateur à Aimants Permanents

Le générateur est une machine synchrone à aimants permanents qui est modélisée simplement par une source de tension avec une impédance en série. Le circuit équivalent et le diagramme de Behn-Eschenburg sont montrés à la figure 2.3. Les composantes fondamentales pour la tension u_s et le courant i_s sont supposées en phase car la charge est un simple redresseur à diodes (figure 2.4).

Contribution à l'Optimisation d'un Système de …

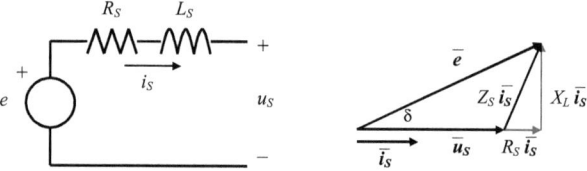

Figure 2.3. Schéma équivalent du générateur synchrone et diagramme de Behn-Eschenburg associé.

Les relations découlant de ce modèle simplifié de la machine sont les suivantes :

$$e = \psi_r \cdot \omega \;\Rightarrow\; E = \frac{e}{\sqrt{2}} = \frac{\psi_r \cdot \omega}{\sqrt{2}} = \frac{\sqrt{2}}{2} \psi_r \cdot \omega$$

$$\omega = p\,\Omega_G, \qquad \Omega_G = M\,\Omega,$$

$$\Rightarrow E = \frac{\sqrt{2}}{2} \cdot p \cdot M \cdot \psi_r \cdot \Omega \tag{2.7}$$

E : valeur efficace de la composante fondamentale de tension induite par les aimants dans le bobinage du stator de la machine (f.e.m.)
ψ_r : flux crête reçu par une bobine du stator venant des aimants
ω : vitesse de rotation du champ magnétique (pulsation électrique ; $\omega = 2\pi f$)
p : nombre de paires de pôles de la machine
Ω_G : vitesse de rotation de l'arbre du générateur ($\omega = p\,\Omega_G$)
Ω : vitesse de rotation de l'arbre de la turbine ($\Omega_G = M\,\Omega$)
M : rapport de la boite de vitesses (multiplicatrice ou élévatrice)

2.2.1.2 Redresseur triphasé à diodes

La relation entre les tensions des cotés AC et DC du circuit électrique de puissance (figure 2.4) peut se mettre sous la forme :

$$u_S = G_{ac} \cdot U_{DC} \tag{2.8}$$

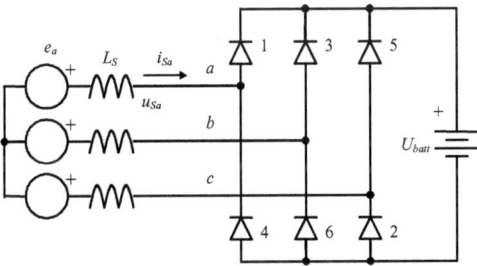

Figure 2.4. Schéma équivalent de la machine connecté au redresseur et à la batterie.

u_s est la valeur crête de la tension fondamentale phase-neutre à l'entrée du redresseur (aux bornes de la machine)

U_{DC} est la tension batterie (U_{batt})

Le coefficient G_{ac} correspond donc au rapport entre ces deux grandeurs.

En raison du comportement inductif de la machine, il est supposé que le courant alternatif présente une forme sinusoïdale, on peut alors montrer que la forme d'onde de la tension aux bornes de la machine est constituée en paliers. La figure 2.5 montre les formes d'onde du courant de la phase a, indique les diodes en conduction pour chaque phase et reconstruit la forme de la tension phase neutre.

Pendant la demi-période positive du courant alternatif dans la phase a, la diode 1 du redresseur (figure 2.4) entre en conduction ; durant la demi-période négative, la diode 4 conduit le courant. Ainsi, selon l'état de conduction des diodes du redresseur, la tension de la batterie U se retrouve en tant que tension entre lignes du coté AC du système (formes d'onde u_{ab} et u_{bc} de la figure 2.5). En supposant que le système est équilibré, comme dans le cas étudié ici, et connaissant les tensions de ligne u_{ab} et u_{bc}, les tensions entre phase et neutre (u_a, u_b et u_c) sont obtenues par :

$$\begin{bmatrix} u_a \\ u_b \\ u_c \end{bmatrix} = \frac{1}{3} \cdot \begin{bmatrix} 2 & 1 & 1 \\ -1 & 1 & 1 \\ -1 & -2 & 1 \end{bmatrix} \cdot \begin{bmatrix} u_{ab} \\ u_{bc} \\ 0 \end{bmatrix} \qquad (2.9)$$

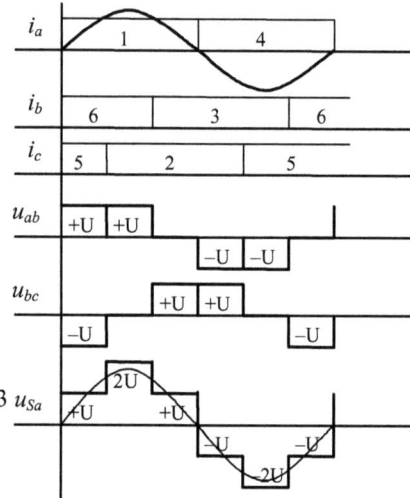

Figure 2.5. Allure du courant dans la phase a, diodes en conduction, tensions entre phases u_{ab} et u_{bc}, tension phase-neutre u_{Sa} et sa composante fondamentale (U = U_{DC} = U_{batt}).

Connaissant l'allure de la tension u_a, une analyse des composantes de Fourier permet de connaître la valeur du gain de tension antérieurement défini en (2.8).

$$G_{ac} = \frac{2}{\pi} \qquad (2.10)$$

Pour connaître maintenant le courant continu I_{DC}, on sait que le redresseur à diodes a des courants pratiquement en phase avec les tensions d'entrée (facteur de déplacement $\cos(\phi)$ quasiment unitaire). Donc, à partir d'une relation énergétique et en négligeant les pertes dans les diodes, on peut obtenir une expression de la valeur du courant de charge de la batterie en fonction de la valeur crête du courant de la machine avec i_s :

$$I_{DC} = \frac{3}{2} \cdot G_{ac} \cdot i_s \qquad (2.11)$$

Chapitre 2 – Optimisation d'un Système de Conversion Eolien

Une simulation numérique avec l'outil PowerSym de Matlab permet de vérifier les allures supposées de la tension et du courant du générateur. Sur la figure 2.6 l'allure supposée de la tension et la forme quasi-sinusoïdale du courant sur une des phases du générateur sont montrées.

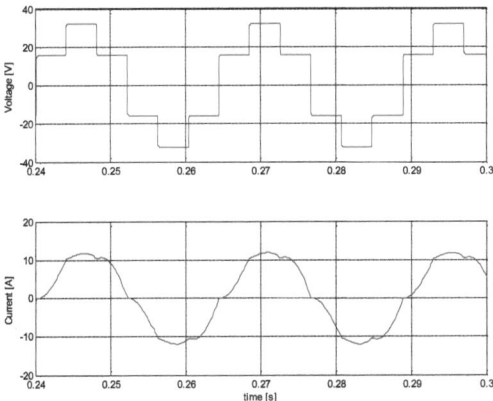

Figure 2.6. Allure de la tension et du courant sur une phase du système éolien proposé, pour une fréquence de 40 Hz, une tension U_{batt} = 48 V et un rapport M = 2.5.

Interaction Machine à Aimants Permanents – Redresseur à diodes

Une fois connues les tensions e et u_s, il reste à connaître la valeur du courant de ligne. Pour cela, le diagramme de Behn-Eschenburg du modèle fondamental de la machine (figure 2.3) permet d'obtenir l'équation vectorielle (2.12) :

$$\bar{e} = \bar{u}_s + Z_s \cdot \bar{i}_s \qquad (2.12)$$

Une façon de résoudre cette équation est de la décomposer (projection des vecteurs sur les axes), Ainsi, le système d'équations suivant est obtenu :

$$F(\delta, i_S) = \begin{cases} e\cos\delta - R_S \cdot i_S - u_s \\ e\sin\delta - X_L \cdot i_S \end{cases} \qquad (2.13)$$

Grâce à quelques opérations algébriques sur le système précédent, il est possible d'aboutir à une seule expression d'une seule variable, le courant de la machine i_s. S'il s'agit d'un polynôme de second degré ; ce polynôme et ses solutions sont :

$$(R_S^2 + X_L^2) \cdot i_S^2 + (2 \cdot R_S \cdot u_S) \cdot i_S + (u_S^2 - e^2)$$

$$i_{S1,2} = \frac{-R_S \cdot u_S \pm \sqrt{R_S^2 \cdot u_S^2 + (R_S^2 + X_L^2) \cdot (e^2 - u_S^2)}}{R_S^2 + X_L^2}$$

Avec la convention imposée, la valeur de la solution qui nous intéresse correspond à celle qui est positive.

$$i_S = \frac{1}{R_S^2 + X_L^2} \cdot \left[\sqrt{R_S^2 \cdot u_S^2 + (R_S^2 + X_L^2) \cdot (e^2 - u_S^2)} - R_S \cdot u_S \right] \quad (2.14)$$

Cette expression n'est valable qu'à partir du moment où les valeurs de la force électromotrice e deviennent supérieures à la tension du réseau alternatif u_s.

La valeur de la puissance délivrée par la machine peut alors s'exprimer en fonction des valeurs efficaces ou des valeurs maximales :

$$P_m = 3 \cdot U_S \cdot I_S = \frac{3}{2} u_S \cdot i_S \quad (2.15)$$

Le remplacement de l'expression du courant (2.14), permet d'écrire pour la puissance :

$$P_m = \frac{3}{2} \cdot \frac{u_S}{R_S^2 + X_L^2} \cdot \left[\sqrt{R_S^2 \cdot e^2 + X_L^2 \cdot (e^2 - u_S^2)} - R_S \cdot u_S \right] \quad (2.16)$$

Dans cette équation, il y a deux grandeurs qui sont dépendantes de la fréquence : la tension induite e et la réactance de la machine X_L. En les remplaçant par leurs expressions dans le domaine fréquentiel à régime sinusoïdal, $X_L = \omega L_S$ et $e = \omega \psi_r$, on obtient une expression de la puissance de la machine définie par les paramètres R_S et L_S, et par la tension de batterie u_s qui est une grandeur fixe dans ce cas. La seule variable dans l'équation est la fréquence ou pulsation électrique ω :

$$P_m = \frac{3}{2} \cdot \frac{u_S}{R_S^2 + \omega^2 L_S^2} \cdot \left(\omega \sqrt{R_S^2 \cdot \psi_r^2 + L_S^2 \cdot \left(\psi_r^2 \omega^2 - u_S^2\right)} - R_S \cdot u_S \right) \qquad (2.17)$$

Cette expression peut s'écrire aussi de la manière suivante, en fonction de la vitesse de rotation de l'éolienne au lieu de celle du générateur en tenant compte du nombre de paires de pôles de la machine et du multiplicateur de vitesse du système (2.18) :

$$P_m = \frac{3}{2} \cdot \frac{u_S}{R_S^2 + (p L_S M \Omega)^2} \cdot \left\{ p M \Omega \cdot \sqrt{(R_S \psi_r)^2 + L_S^2 \cdot \left[(p M \psi_r \Omega)^2 - u_S^2\right]} - R_S u_S \right\} \qquad (2.18)$$

2.2.1.3 Paramètres du Système

Les caractéristiques mécaniques de la turbine éolienne, les paramètres de la fonction d'approximation du coefficient de puissance et les valeurs nominales et les paramètres caractéristiques du générateur à aimants permanents sont résumés dans les tableaux 2.1, 2.2 et 2.3 respectivement.

Dans la figure 2.7, la puissance de la turbine éolienne (HAWT) du système proposé est tracée pour plusieurs valeurs de la vitesse du vent. La ligne pointillée montre la limite (valeur nominale) de la puissance que la turbine peut fournir.

Tableau 2.1. Paramètres de la turbine éolienne

Paramètre	Valeur
Rayon (R)	1.8 m
Surface de balayage (A)	10.18 m²
Coefficient de puissance maximal (C_{pMax})	0.42
TSR optimal (λ^*)	6.8
Vitesse du vent nominale (v_N)	12 m/s
Vitesse de rotation nominale (Ω_N)	700 tr/mn (73 rad/s)

Tableau 2.2. Coefficients de la fonction d'approximation du C_p

Paramètre	Valeur
Gain (G)	0.19
Facteur (a)	1.56
TSR maximal (λ_0)	8.08

Tableau 2.3. Générateur à aimants permanents

Paramètre	Valeur
Couple nominal (T_N)	8 Nm
Vitesse de rotation nominale (Ω_{GenN})	2000 tr/mn (210 rad/s)
Puissance nominale (P_N)	1680 W (2.25 HP)
Tension nominale (v_N)	110 $V_{(AC)}$
Résistance du bobinage de stator (R_S)	0.9585 Ω
Inductance de bobinage de stator (L_S)	5.25 mH
Flux induit par les aimants (Ψ_r)	0.1827 Wb
Nombre de paires de pôles (p)	4

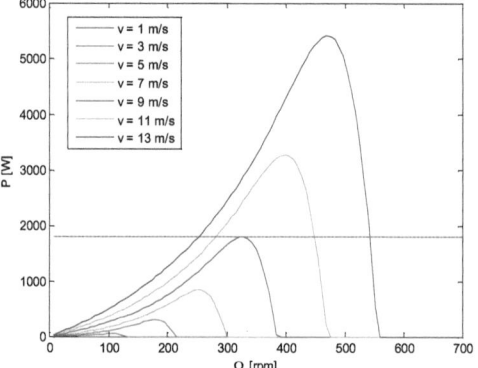

Figure 2.7. Puissance de sortie de la turbine éolienne en fonction de sa vitesse de rotation ; paramètre vitesse du vent $v = 1$ m/s jusqu'à 13 m/s, avec un pas de 2 m/s.

On peut observer que pour un vent de 9 m/s la valeur maximale de puissance atteint la valeur nominale ; pour les vitesses de vent plus élevées (11 et 13 m/s sur la figure), une régulation de puissance doit être mise en place pour éviter d'endommager l'éolienne. Comme on l'étudiera plus loin dans ce rapport (Chapitre 3, commande), ceci peut se faire par des moyens mécaniques ou électriques.

La figure suivante montre comment la puissance évolue en fonction de la vitesse de rotation de l'éolienne, avec plusieurs valeurs pour la tension de la batterie et une valeur de M constante.

Chapitre 2 – Optimisation d'un Système de Conversion Eolien

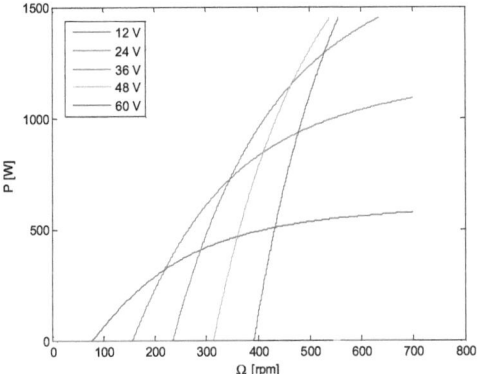

Figure 2.8. Puissance de sortie du générateur en fonction de la vitesse de l'éolienne ; paramètre u_s = 12 V jusqu'à 60 V, avec un pas de 12 V (M = 2).

On peut observer sur la figure 2.8 qu'avec des tensions de batterie faibles, l'éolienne peut commencer à fournir de la puissance à une vitesse de rotation basse. Cependant, avec une tension de batterie réduite, la valeur maximale de puissance produite par le système est aussi plus faible.

Ceci est intéressant pour le système éolien, car la plage d'opération de vitesses élargie permet de fournir de la puissance pendant plus de temps, à des vitesses de vent qui sont plus probables statistiquement (vents faibles). L'inconvénient est que pour les valeurs données de la vitesse sur la plage de fonctionnement, à tension réduite la puissance transmise sera aussi inférieure. Il se pose donc un problème de comment choisir correctement la tension de batterie qui permettra de mieux utiliser le système.

La figure 2.9 montre l'évolution de la puissance du système de conversion en fonction de la vitesse de rotation de l'éolienne pour plusieurs valeurs du rapport de transformation de la boite de vitesses M, avec une tension de batterie fixe.

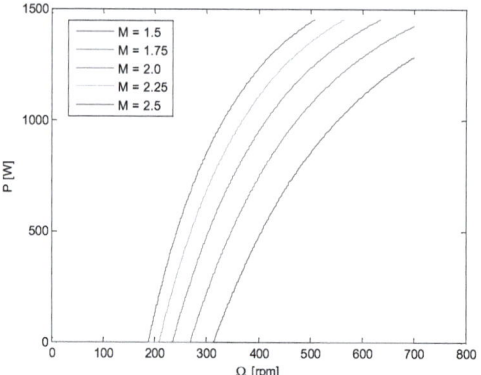

Figure 2.9. Puissance de sortie de la génératrice en fonction de la vitesse de l'éolienne ; paramètre $M = 1.5$ jusqu'à 2.5, avec un pas de 0.25 V ($u_s = 36$ V).

On peut voir à partir de la figure 2.9 que l'effet plus important relié à M est qu'avec un rapport plus élevé, la machine commence à fournir de la puissance à une vitesse de rotation inférieure. Ceci est intéressant pour profiter d'une vitesse de vent de démarrage plus faible, pour élargir la plage de vitesses de vent du système. Cependant, en même temps, la vitesse à laquelle le système décroche à cause de la surcharge ($P > P_{nom}$) est aussi plus faible, ce qui diminue la plage de vitesses du côté des valeurs supérieures. En conséquence, il est important de bien choisir la valeur de M de façon à maximiser la plage de vitesses du système : il doit être assez élevé pour faire démarrer le système à des vitesses faibles, mais assez réduit pour permettre au générateur d'atteindre les vitesses supérieures.

Dans la suite, un problème d'optimisation du système de génération éolien présenté est défini pour maximiser la puissance produite du système en cherchant les valeurs optimales du rapport de transformation de la boite de vitesses et de la tension de batterie.

2.3   Problème d'Optimisation

Les équations (2.6) et (2.18) de la puissance en régime permanent du système sont ici les expressions analytiques qui permettent la formulation de l'objectif principal du problème d'optimisation. Le point de fonctionnement permanent du système se trouve à l'intersection des deux courbes représentant ces deux puissances en fonction de la fréquence de fonctionnement et pour différentes valeurs de la vitesse du vent. En supposant que les pertes sont négligeables, la puissance délivrée par le système de génération éolien est connue en calculant ces points d'équilibre.

Les coordonnées des points d'intersection dépendent de la valeur du rapport de transformation de la boite de vitesses M et de la tension de batterie U_{DC} ($u_s \propto U_{DC}$). Ainsi, pour une vitesse de vent donnée, la puissance produite par le système est aussi définie par ces deux paramètres qui vont intervenir dans le problème d'optimisation.

Le problème d'optimisation peut alors être posé de la manière suivante. Il consiste à trouver le jeu de paramètres permettant au système éolien de maximiser la puissance produite sur la plage de vitesse du vent :

$$\max_{[M\ u_s]} P_t$$

Pour respecter les conditions de fonctionnement nominales et les propriétés physiques du système, un certain nombre de contraintes sont formalisées et viennent conditionner la recherche de cet objectif.

2.3.1 Contraintes

Les boites d'engrenages parallèles à un étage ont des rapports de transformation maximaux de 1:5 (Hau, 2006) ou 1:6 (Mathew, 2006). Les boites épicycloïdales de taille équivalente ont des rapports allant jusqu'à 1:12, mais elles sont plus coûteuses. Pour les structures de génération éolienne de petites tailles, la solution parallèle est couramment préférée et les rapports de transmission élevés sont obtenus en associant plusieurs étages. Ce rapport doit respecter une contrainte imposée par les valeurs nominales des vitesses de rotation de la turbine et du générateur $\Omega_{Gen,N}$ et Ω_N.

Un système de faible taille utilise une éolienne qui tourne relativement vite, la vitesse maximale d'un générateur électrique de faible puissance est de 3600 t/m. Le rapport entre la vitesse du générateur et celle de la turbine $\Omega_{Gen,N}/\Omega_N$ risque donc d'être plus faible que le rapport maximal envisageable. Cette valeur devient une borne supérieure pour M :

Contribution à l'Optimisation d'un Système de ...

$$M_{max} = \frac{\Omega_{G,N}}{\Omega_N} \quad (2.19)$$

Les valeurs nominales du générateur imposent les limites de tension et de courant. Il est supposé que ces restrictions sont suffisantes pour maintenir la puissance générée en-dessous la puissance nominale et que la turbine éolienne peut délivrer toute la puissance mécanique pour les vitesses de vent faibles et modérées ($v < v_N$). Au-delà de cette vitesse de vent, le décrochage aérodynamique de l'éolienne régule la puissance mécanique sans besoin de commande complémentaire. Quand le vent atteint la vitesse maximale ($v_{cut-off}$), la petite éolienne s'auto protège des vents destructeurs en sortant de la direction du vent (*furling*).

L'équation qui modélise la puissance du générateur n'est valide qu'à partir du moment où la tension induite est supérieure à la tension seuil imposée par la tension de la batterie pour que les diodes du pont soient passantes. Cette condition impose une vitesse de rotation minimale pour que le générateur commence à fournir de la puissance à la charge (2.20). La tension de batterie oblige indirectement à une vitesse de vent minimale (v_{cut-in}) (2.21).

$$e_{min} = \Psi_r \cdot \omega_{min} \approx u_S \Rightarrow \omega_{min} = \frac{u_S}{\Psi_r} \quad (2.20)$$

$$\lambda_0 = \frac{\Omega_{min} R}{v_{cut-in}} = \frac{\omega_{min} R}{p \cdot M \cdot v_{cut-in}}$$

$$\Rightarrow v_{cut-in} = \frac{\omega_{min} R}{p \cdot M \cdot \lambda_0} = \frac{R}{p \cdot M \cdot \lambda_0} \cdot \frac{u_S}{\Psi_r} = \frac{R}{p \cdot \Psi_r \cdot \lambda_0} \cdot \frac{u_S}{M} \quad (2.21)$$

Les valeurs maximales de la vitesse de rotation de la machine et de la vitesse du vent sont imposées par les limites technologiques de la machine et de la turbine éolienne.

En conséquence, la formalisation du problème d'optimisation proposé est la suivante :

trouver les paramètres M et u_s tels que :

$$\max_{[M\ u_s]} P_t$$

avec les contraintes :

$$P_t(M, \omega, v) = P_m(u_s, \omega)$$

$$M \in \left[1, \frac{\Omega_{Gen,N}}{\Omega_N}\right]$$

$$u_S \in [0, u_N]$$

$$\omega \in \left[\frac{1}{\Psi_r}u_s, \omega_N\right]$$

$$v \in \left[\frac{R}{p \cdot \Psi_r \cdot \lambda_0} \cdot \frac{u_s}{M}, v_{cut-off}\right]$$

2.3.2 Résultats de l'Optimisation

La recherche analytique de la solution du problème ainsi défini pose néanmoins quelques difficultés.

1) La réduction à une seule équation n'est pas possible.

L'exploitation de l'équation d'égalité des puissances ne permet pas d'extraire la seule variable indépendante qu'elles ont en commun, la fréquence de fonctionnement (ω). De ce fait, il n'est pas possible d'obtenir une expression de la puissance à maximiser à partir des seuls paramètres d'optimisation.

2) La paramétrisation avec la seule variable indépendante non contrôlable (v) ne mène pas à une solution unique.

Pour une valeur de la vitesse de vent donnée, il y a une vitesse de la turbine qui correspond à une production maximale de puissance éolienne, cette vitesse est notée Ω^*. Pour chaque valeur du rapport de transformation de vitesse, M, il y correspondra une fréquence de fonctionnement du générateur électrique notée ω^* donnée par (2.22).

$$\left.\begin{array}{l}\Omega_G^* = M \cdot \Omega^* \\ \omega^* = p \cdot \Omega^*\end{array}\right\} \Rightarrow \omega^* = (p \cdot \Omega^*) \cdot M^* \quad (2.22)$$

L'expression de la puissance produite par le générateur montre que pour une valeur donnée de cette puissance, il existe une valeur de tension batterie associée à chaque fréquence de fonctionnement. Pour chaque valeur du rapport de transformation de vitesse, il y a donc une valeur pour la tension de batterie qui mène à une production de puissance électrique identique.

Il y a donc un nombre infini de paires (M, u_s) qui correspondent à la même puissance maximale pour chaque valeur de la vitesse de vent.

En conséquence, l'utilisation d'un outil d'optimisation dont l'usage est rendu délicat à cause de la contrainte sur la vitesse de vent dont les bornes sont paramétrées, donne à chaque fois une nouvelle paire (M, u_s) pour la puissance maximale.

Pour une recherche méthodique des solutions sur l'espace de variation des paramètres il est possible de figer l'un d'eux et de faire varier régulièrement le second. Soit le rapport de transformation de la boite d'engrenages, soit la tension de batterie peuvent varier régulièrement. Comme les batteries sont modulaires et peuvent être facilement associées pour un fonctionnement électrique en série et/ou en parallèle, c'est la tension de batterie qui est choisie. Avec cette méthode, un ensemble de problèmes d'optimisation mono-variable sont résolus, pour chaque valeur de tension u_s et de vitesse de vent v.

Avec la fréquence électrique ω et la vitesse du vent v pour variables indépendantes et pour paramètres le rapport de transformation de la boite de vitesses M et la tension de batterie ramenée du coté AC du redresseur u_S, les différentes étapes de la procédure d'optimisation sont les suivantes.

1) *Recherche de la puissance mécanique maximale.*

   Pour une valeur de vitesse de vent donnée, les valeurs optimales de P_t^* et Ω^* se trouvent avec une routine de MATHEMATICA©.

2) *Paramétrisation de la tension de batterie.*

   Pour chacune des valeurs de v sélectionnées en *1)*, un ensemble de tensions alternatives u_s est aussi choisi.

3) *Détermination de la fréquence ω.*

   De l'égalité $P_m = P_t^*$, la valeur correspondante à la fréquence électrique optimale ω^* pour chaque u_S est trouvée à partir de la résolution analytique de l'équation de puissance électrique.

4) *Calcul du rapport de transformation de la boite d'engrenages.*

   Utilisant les valeurs optimales ω^* et Ω^*, le rapport de transformation de la boite de vitesse M est calculé avec (2.22).

Chapitre 2 – Optimisation d'un Système de Conversion Eolien

Les points 2, 3 et 4 de la procédure sont répétés pour toutes les valeurs de vitesse de vent choisies.

Les résultats de l'optimisation sont résumés dans le tableau 2.4.

La figure 2.10 montre les courbes de la puissance maximale et la vitesse de rotation correspondante en fonction de la vitesse de vent choisie.

Pour les vitesses de vent supérieures à 9 m/s, la turbine éolienne délivre une puissance supérieure à la puissance nominale du générateur; la recherche du point optimal est donc restreinte aux valeurs inférieures à cette valeur de vitesse du vent.

Tableau 2.4. Optimisation de la puissance mécanique de la turbine éolienne pour les valeurs de vitesse de vent sélectionnées.

v [m/s]	Ω [rad/s]	P_t [W]
3	11,3	67,0
4	15,1	158,8
5	18,9	310,1
6	22,6	535,8
7	26,4	850,8
8	30,2	1270
9	34,0	1808

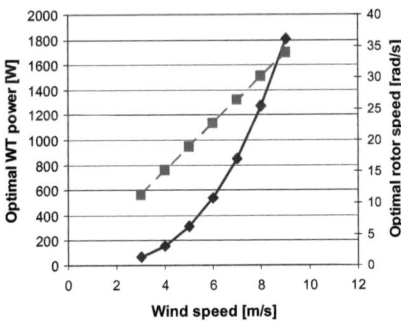

Figure 2.10. Puissance maximale et valeur correspondante de la vitesse du rotor pour le système de génération éolien selon la vitesse de vent.

L'évolution de la puissance éolienne optimale selon la vitesse du vent suit une relation cubique (figure 2.10, ligne bleue). Ceci vient du fait que l'optimisation trouve la valeur maximale du coefficient de puissance. On peut observer aussi que la relation entre la vitesse du vent et la vitesse de rotation optimale est linéaire (figure 2.10, ligne en tirets magenta). L'obtention de la puissance maximale est associée à l'obtention du C_P maximal qui se produit pour le rapport de vitesses optimal λ^*. De ce fait, la vitesse de rotation varie linéairement avec la vitesse du vent (2.23) :

$$\lambda = \frac{\Omega R}{v} \Rightarrow \Omega^* = \frac{\lambda^*}{R} \cdot v \qquad (2.23)$$

L'étape suivante consiste à obtenir les valeurs optimales de la fréquence (pulsation électrique) en cherchant les racines de l'équation d'égalité entre P_m et P_t pour des valeurs sélectionnées de la tension de batterie. Ces valeurs sont indiquées dans la figure 2.11 et les rapports de transmission optimaux calculés sont représentés dans la figure 2.12.

On peut observer de la figure 2.11 que, pour des vents faibles, la fréquence optimale augmente presque linéairement avec la tension de batterie. Pour des vents modérés (6 à 9 m/s) la courbe a un comportement décroissant pour les tensions faibles. Ceci est causé par la caractéristique non linéaire de la puissance électrique avec la tension du système. Pour des tensions plus élevées, la caractéristique linéaire croissante est de nouveau retrouvée.

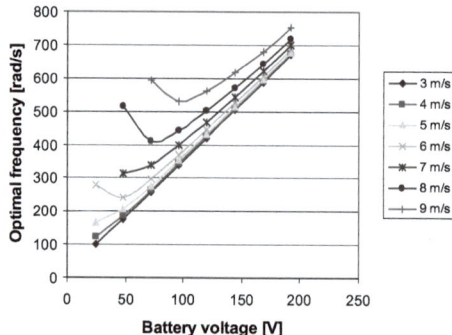

Figure 2.11. Fréquence (pulsation) électrique optimale du générateur vs. tension de batterie, pour les vitesses de vent sélectionnées.

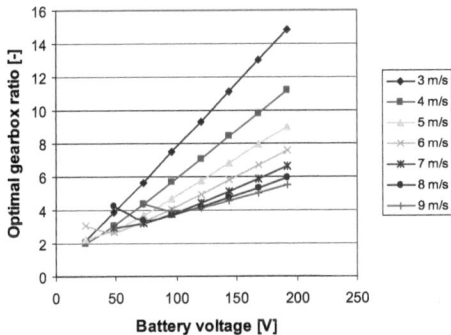

Figure 2.12. Rapport de transformation de la boite de vitesses M obtenus pour les fréquences et les vitesses de rotation optimales.

Les courbes des valeurs optimales pour le rapport de transformation de vitesse M de la figure 2.12 sont obtenues à partir des valeurs optimales pour la fréquence et la vitesse de rotation. Un comportement similaire à celui noté avec les fréquences est aussi retrouvé. La partie croissante linéaire de la caractéristique en fonction de la tension de batterie est obtenue à vents faibles et pour les tensions élevées à vents modérés. Pour les tensions faibles à vents modérés entre 6 et 9 m/s, la caractéristique présente aussi une partie décroissante.

Il est démontrable que, pour chaque vitesse de vent, presque toutes les tensions de batterie ont la même puissance optimale. Ceci est possible car il y a la possibilité de trouver la bonne valeur pour M qui fait fonctionner le système à la vitesse optimale.

Les boîtes de vitesses automatiques à rapports de transmission multiples ne sont pas adaptées pour un système de génération de petite taille à cause de leur coût élevé. D'autre part, une variation de la tension de batterie implique l'utilisation d'interrupteurs ou d'un étage de conversion, ce qui augmente aussi le coût du système.

En conséquence, il est nécessaire d'utiliser un critère supplémentaire pour choisir une paire (M, u_S) unique et déterminer une boîte de vitesse et une tension de batterie fixes pour le système.

2.3.3 Sélection d'une paire (M, u_S) unique

Il y a différentes méthodes pour définir une paire unique pour le rapport de transformation de la boîte de vitesses M et la tension de batterie, représentée par la tension du système u_S. Une méthode pourrait consister à maximiser la production d'énergie sur le site du système éolien. Cependant, ceci nécessite de connaître les conditions locales de vent, par l'intermédiaire de la distribution de probabilité du vent par exemple. Si cette information ou le lieu d'emplacement du système sont inconnus, une autre méthode de détermination doit être utilisée. Un autre souci qui se pose pour le système sans commande proposé est la possibilité d'avoir une multiplicité de points de fonctionnement pour une même vitesse de vent (voir Annexe D).

Pour tenir compte de ces contraintes, nous proposons d'utiliser les expressions analytiques des puissances, et de chercher à minimiser la distance entre la courbe idéale de la puissance en fonction de la vitesse de rotation ($P_t(\Omega)$, figure 2.10) et la courbe de puissance du générateur P_m.

Pour réaliser cette tâche, une méthode de moindres carrés semble à priori pouvoir convenir. Il s'avère cependant que la caractéristique non linéaire de l'équation de puissance électrique présente des inconvénients qui empêchent l'application directe de la méthode de régression de Gauss.

Nous avons donc suivi un critère d'optimisation qui consiste à minimiser la surface entre les courbes des équations de la puissance mécanique (cible) et de la puissance électrique (modifiable).

Pour cela, une intégration de la différence entre les deux courbes est nécessaire.

La recherche de l'expression analytique de la fonction primitive de la différence entre les puissances s'est avérée possible mais son utilisation est un peu délicate à cause de fonctions définies par intervalles. L'intégration numérique des expressions étant toujours réalisable bien qu'un peu moins précise, elle fut néanmoins utilisée dans ce cas avec une méthode d'intégration numérique des trapèzes.

2.4 Adaptation du Problème d'Optimisation

Les équations de la puissance électrique et mécanique du système en régime permanent permettent à nouveau la formulation du nouvel objectif principal. Cependant, cette fois, pour la fonction de la

Chapitre 2 – Optimisation d'un Système de Conversion Eolien

puissance mécanique, une forme plus simple est utilisée. Pour réduire les degrés de liberté du système, la vitesse du vent, seule variable non contrôlable du système, est sortie de la formulation mathématique par l'utilisation d'une forme optimale.

L'équation (2.1) donne la puissance correspondant à une vitesse de vent v :

$$P_t = \frac{1}{2} \rho \cdot A \cdot C_p(\lambda) \cdot v^3$$

Si le rapport de vitesse λ est maintenu à sa valeur optimale λ^*, le coefficient de puissance est toujours à sa valeur maximale $C_{pM} = C_p(\lambda^*)$. Donc, la puissance de l'éolienne est aussi à sa valeur maximale (2.24) :

$$P_t^* = \frac{1}{2} \rho \cdot A \cdot C_{pM} \cdot v^3 \qquad (2.24)$$

D'autre part, si de l'équation du rapport de vitesses supposé maintenu à la valeur optimale on isole la vitesse de vent (2.25) pour la remplacer dans l'équation de la puissance mécanique maximale (2.24), on obtient l'équation (2.26).

$$\lambda^* = \frac{\Omega R}{v} \Rightarrow v = \frac{\Omega R}{\lambda^*} = \frac{R}{\lambda^*} \Omega \qquad (2.25)$$

$$P_t(\Omega) = P_t^* = \frac{1}{2} \rho \cdot A \cdot C_{pM} \cdot \left(\frac{R}{\lambda^*}\right)^3 \Omega^3 \qquad (2.26)$$

On obtient donc une forme analytique de la puissance mécanique maximale de la turbine éolienne en fonction de sa vitesse de rotation Ω uniquement.

L'équation électrique qu'on utilisera dans cette partie est l'expression (2.18) :

$$P_m = \frac{3}{2} \cdot \frac{u_S}{R_S^2 + (p L_S M \Omega)^2} \cdot \left\{ p M \Omega \cdot \sqrt{(R_S \psi_r)^2 + L_S^2 \cdot \left[(p M \psi_r \Omega)^2 - u_S^2\right]} - R_S u_S \right\}$$

La surface entre les courbes de puissance mécanique idéale et la puissance produite par la machine est :

Contribution à l'Optimisation d'un Système de ...

$$A = A_i - A_m = \int_{\Omega_{min}}^{\Omega_{max}} \{P_i(\Omega) - P_m(u, M, \Omega)\} d\Omega$$

L'objectif du nouveau problème d'optimisation est de rapprocher les deux courbes ; donc de minimiser la différence entre ses aires :

$$\min_{[M,u]} A = \int_{\Omega_{min}}^{\Omega_{max}} \{P_i(\Omega) - P_m(u, M, \Omega)\} d\Omega \qquad (2.27)$$

Les variables d'optimisation sont toujours la tension du système et le rapport de transformation de la boite de vitesses. La propriété linéaire de l'intégrale permet une séparation des termes :

$$A_i = \int_{\Omega \min}^{\Omega \max} \{P_i(\Omega)\} d\Omega, \qquad A_m = \int_{\Omega_{min}}^{\Omega_{max}} \{P_m(u, M, \Omega)\} d\Omega$$

La puissance mécanique idéale de la turbine éolienne P_i varie selon la vitesse et atteint sa valeur nominale P_N à la vitesse de vent nominale v_N. Il y a cependant un rang de vitesses de vent entre v_N et la valeur maximale (*cut-off*), où la puissance de la turbine éolienne doit être régulée de façon à ne pas dépasser P_N. Pour les petites éoliennes, ceci est fait par le système de régulation aérodynamique de type *stall* (plus de détail dans le chapitre 3). Pour tenir compte de ces séquences, l'expression de la puissance mécanique idéale (2.24) et sa courbe caractéristique (figure 2.13) sont données par la suite.

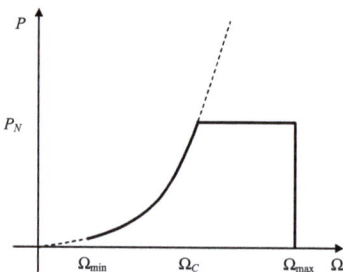

Figure 2.13. Courbe de puissance idéale de la turbine éolienne.

Ω_C est la vitesse de rotation de la turbine à laquelle la puissance arrive à P_N. Il est important de noter que les vitesses Ω_C et Ω_N (vitesse nominale de rotation de l'éolienne) ne sont généralement pas égales ($\Omega_C < \Omega_N$).

$$P_i = \begin{cases} \dfrac{1}{2} \cdot A \cdot \rho \cdot C_p \cdot \left(\dfrac{R}{\lambda}\right)^3 \cdot \Omega^3 & , \Omega_{\min} \leq \Omega \leq \Omega_C \\ P_N & , \Omega_C \leq \Omega \leq \Omega_{\max} \end{cases} \qquad (2.28)$$

L'intégration de P_i donne une valeur fixe, qui dépend uniquement des caractéristiques de l'éolienne.

$$A_i = \int_{\Omega\min}^{\Omega\max} \{P_i(\Omega)\} d\Omega = \int_{\Omega\min}^{\Omega_C} \frac{1}{2} \rho \cdot A \cdot C_{pM} \cdot \left(\frac{R}{\lambda^*}\right)^3 \Omega^3 d\Omega + \int_{\Omega_C}^{\Omega_N} P_N d\Omega$$

$$\Rightarrow A_i = \frac{1}{2} \rho \cdot A \cdot C_{pM} \cdot \left(\frac{R}{\lambda^*}\right)^3 \int_{\Omega\min}^{\Omega_C} \Omega^3 d\Omega + P_N \int_{\Omega_C}^{\Omega_N} d\Omega$$

$$\Rightarrow A_i = \frac{1}{8} \rho \cdot A \cdot C_{pM} \cdot \left(\frac{R}{\lambda^*}\right)^3 \left(\Omega_C^4 - \Omega_{\min}^4\right) + P_N \cdot (\Omega_N - \Omega_C) \qquad (2.29)$$

Cette dernière équation (2.29) nous permet d'évaluer simplement la surface sous la courbe de puissance idéale de la turbine éolienne.

Les restrictions physiques du système et les contraintes mathématiques de l'équation de la machine permettent de définir les limites d'intégration. La limite supérieure est obtenue soit par la valeur nominale de la vitesse de rotation de l'éolienne, soit par la valeur de la vitesse où la puissance électrique de la machine est supérieure à la puissance mécanique idéale ou à la puissance nominale (2.30). La limite inférieure est obtenue soit de la valeur minimale de fonctionnement du système, soit de la condition de positivité pour l'équation de la puissance, soit de la condition de puissance non imaginaire (2.31) :

$$\Omega_{\max} = \min\{\Omega < \Omega_N \, ; \, P_m(M, u, \Omega) < P_i \, ; \, P_m(M, u, \Omega) < P_N \} \qquad (2.30)$$

$$\Omega_{\min} = \max\{\Omega > \Omega_{\min,\,sys} \, ; \, pM\Omega \cdot \sqrt{(R_S \Psi)^2 + L_S^2 \cdot \left[(pM\Psi\Omega)^2 - \hat{u}_S^2\right]} - R_S u_s > 0 \, ; \qquad (2.31)$$

$$(R_S \Psi)^2 + L_S^2 \cdot \left[(p\,M\,\Psi\,\Omega)^2 - u_S^2\right] > 0 \}$$

Les limites pour la tension du système et du rapport de transformation sont les mêmes que pour le problème précédent :

$$M \in \left[1, \frac{\Omega_{Gen,N}}{\Omega_N}\right]$$

$$u_S \in [0, u_N]$$

Une dernière contrainte utilisée est de limiter la puissance de la machine à P_i pour éviter un surdimensionnement de la machine. Ceci a été fait pour toute la plage de vitesses de fonctionnement du système (2.32).

$$P_m(M, u_S, \Omega) \leq P_i(\Omega) \qquad \forall \Omega \in [\Omega_{\min}, \Omega_N] \tag{2.32}$$

Pour résoudre le problème d'optimisation précédent, une méthode de Monte Carlo a été utilisée.

La procédure de solution est :

1. Choisir un nombre SP de paires (u_S, M) initiales dans les limites de l'espace retenu.
2. Vérifier les conditions pour les paires choisies et garder uniquement les paires qui satisfont les contraintes du problème (solutions faisables).
3. Créer une fenêtre de recherche avec les valeurs minimales et maximales des solutions faisables trouvées [$u_{\min}$, $M_{\min}$, $u_{\max}$, $M_{\max}$].
4. Choisir un vecteur de recherche $r = [r_u, r_M]$ aléatoire ; chaque composant a une valeur entre 0 et 1 et estimer les variables d'optimisation par

$$\begin{bmatrix} u_S \\ M \end{bmatrix} = \begin{bmatrix} r_u & 0 \\ 0 & r_M \end{bmatrix} \cdot \begin{bmatrix} u_{\max} - u_{\min} \\ M_{\max} - M_{\min} \end{bmatrix} + \begin{bmatrix} u_{\min} \\ M_{\min} \end{bmatrix}$$

5. Evaluer la faisabilité de la paire choisie et en cas favorable,
6. Calculer l'intégrale A_m numériquement pour chaque paire faisable.
7. Garder les valeurs de u, M et A.
8. Répéter les étapes 4 à 8 un nombre de fois N avec un nouveau r à chaque itération.
9. Arranger les N résultats antérieurs en ordre croissant.

10. Garder les *E* premiers (meilleurs) résultats pour refaire une nouvelle fenêtre de recherche et répéter *G* fois les points 3 à 10.

Les paramètres *SP*, *N*, et *E* sont des valeurs arbitraires. Ainsi, à la fin de la dernière itération de la procédure, la solution du problème se trouve à la première place des derniers résultats rangés.

2.4.1 Résultats

Les paramètres du système sont toujours les mêmes que ceux du cas précédent. Le problème d'optimisation a été résolu par une Méthode de Monte-Carlo itérative. Un programme sur MATLAB© fut préparé et utilisé pour rechercher les solutions.

Le nombre initial de candidats fut $SP = 20$. Pour chaque itération de la méthode de Monte-Carlo, $N = 20$ individus furent testés. Le nombre de fois que les tests de Monte-Carlo ont été répétés est de $G = 10$.

Les figures 2.14 et 2.15 illustrent le début et la fin du procédé de recherche de la solution du problème d'optimisation proposé pour un des essais réalisés.

On peut observer qu'une large plage de possibilités est incluse dans cette première itération du procédé aléatoire (figure 2.14a). Ceci permet que les points optimaux possibles soient recueillis dans le processus d'évaluation de la fonction objectif. On peut observer aussi que la méthode converge vers un point unique (figure 2.14b).

La figure 2.15 montre comment la méthode itérative a évolué entre la première itération et la dernière. Le nuage de points de la figure de la première itération s'étale par toute la plage de possibilités (figure 2.15a), tendant vers un point précis, celui de l'optimum (figure 2.15b). Ceci démontre la bonne convergence de la méthode utilisée.

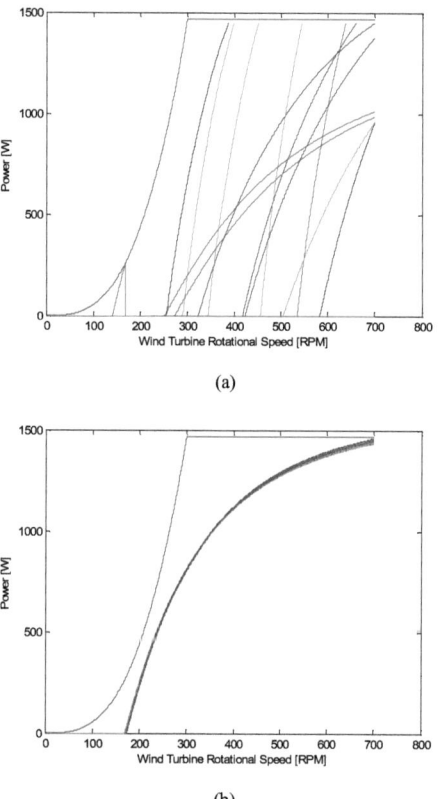

Figure 2.14. Courbes de puissance en fonction de la vitesse de rotation de l'éolienne obtenues de la méthode de Monte-Carlo, (a) Première itération, options sélectionnées de la plage complète, (b) Dernières possibilités, après 10 itérations.

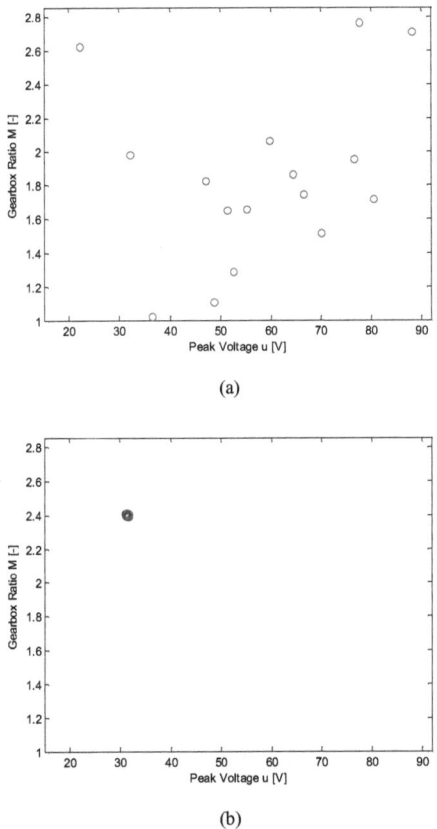

Figure 2.15. Paires (u, M) fournies par (a) la première et (b) par la dernière itération de la méthode de Monte-Carlo.

Dans le tableau 2.5, les solutions obtenues pour 5 essais de la méthode sont montrées. Les différentes solutions obtenues se doivent à la caractéristique aléatoire des points initiaux choisis par la méthode. Cependant, tous ces points sont dans une même zone, on peut donc dire que la tension optimale u^* se trouve entre 30 V et 33 V et que le rapport de transformation optimal de la boite de vitesses M^* se trouve entre les valeurs 2.1 et 2.5.

Tableau 2.5. Résultat de 5 répétitions de la recherche par la méthode de Monte-Carlo

Cas	Ecart Relatif	u_S	M
I	0.1919	29.9933	2.5338
II	0.2075	31.5285	2.3975
III	0.2303	32.3938	2.2885
IV	0.2444	32.5845	2.2381
V	0.2769	32.9100	2.1322

Il est remarquable que le cas I donne le meilleur résultat : l'écart relatif $(A_i - A) / A_i$ est le plus petit des cas effectués, qui peut être considéré comme le cas optimal ; donc, les valeurs optimales de la tension du système et du rapport de transformation de la boite de vitesses sont $u_s = 30$ V ($\Rightarrow U_{Batt} \approx 48$ V) et $M = 2.5$.

Une vérification de la zone d'optimum trouvée par la méthode proposée est réalisée par une évaluation exhaustive de la relation $(A_i - A)/A_i$ dans les limites de M et de u_S données par les contraintes du problème. Une maille de 64*64 valeurs de M et de u_S a été utilisée pour ceci. La figure 2.16 montre la surface obtenue et sur le plan (M, u_S), les iso-valeurs sont montrées. La figure 2.17 montre plus clairement ces iso-valeurs.

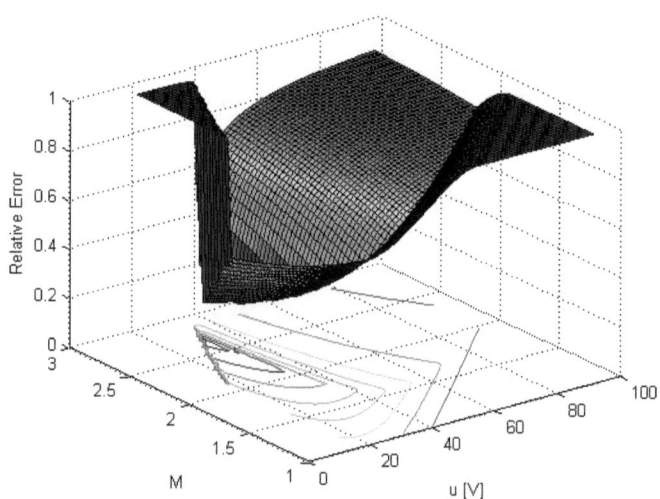

Figure 2.16. Surface des valeurs $(A_i - A)/A_i$ pour toute la plage de possibilités de M et u_S.

Sur cette figure on peut observer que la zone de l'optimum est confirmée (vers u_S = 30 V et M = 2.5) et qu'elle est unique (pas de présence évidente de plusieurs minimums locaux). De l'optimum vers les valeurs plus faibles de M, l'erreur relative $(A_i-A)/A_i$ augmente de façon graduelle. Vers les valeurs supérieures de la tension du système, cette augmentation est de façon exponentielle et se limite vers les valeurs plus grandes. Vers les valeurs plus grandes de M et plus petites de u_S, un fort gradient apparaît et l'erreur relative arrive vite à la valeur maximale (l'unité). Ceci est dû au fait que la courbe de puissance du générateur électrique croise la courbe de puissance maximale de l'éolienne (à une faible vitesse de rotation). Ce cas ne correspond pas aux conditions de notre étude. Il est important pour la conception du système d'éviter cette zone puisqu'on peut prévoir que le système sera moins performant que pour le point optimum obtenu.

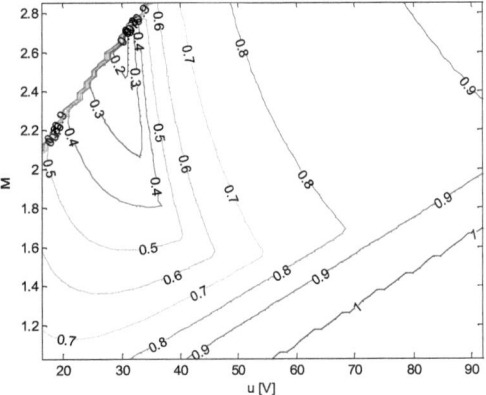

Figure 2.17. Courbes iso-valeurs de l'écart relatif $(A_i-A)/A_i$.

Sur cette figure, les iso-valeurs confirment les remarques précédentes et on peut observer plus clairement la zone des valeurs minimaux de l'erreur relative de $(A_i-A)/A_i$: iso-valeur 0.2 pour $u_S \approx$ 30 V et $M \approx 2.6$.

2.5 Conclusion

Une méthode pour l'optimisation d'un système isolé de conversion éolien de petite taille est présentée et étudiée. L'objectif est de maximiser la puissance produite par un système simple sans commande mécanique ni électronique. La méthode est basée sur un modèle simple sans pertes dans la transmission mécanique avec lequel on obtient les expressions de la puissance mécanique de la turbine éolienne et électrique de la machine.

L'équation de la puissance mécanique est obtenue à travers l'approximation du coefficient de puissance de l'éolienne par une fonction rationnelle proposée. Un simple modèle de f.e.m. en série avec les composants R et L de la machine et une tension AC équivalente à celle de batterie permet d'obtenir l'équation de la puissance électrique.

Une procédure analytique permet de trouver, pour chaque vitesse de vent, les valeurs de M en fonction de la tension de batterie, afin de maximiser la puissance produite. Ainsi, il est nécessaire d'établir un critère qui permette de définir une paire unique M et u_s pour le système.

Un critère de minimisation de la surface entre les courbes d'une puissance idéale de référence et la puissance de la machine a été utilisé pour toute la plage de variation de vitesse du vent. Ainsi, une procédure de solution par la méthode de Monte Carlo a permis de trouver une zone de points optimaux qui permet de maximiser la puissance générée par le système de conversion éolien.

3 Commande du Système de Conversion Eolien

3.1 Introduction

Les sites isolés et les emplacements où le réseau n'est pas disponible représentent des applications commerciales principales pour les applications éoliennes autonomes de petite taille (Mathew, 2006 ; Hau, 2006 ; Knight and Peters, 2005). Les systèmes de conversion éoliens autonomes à vitesse variable sont déjà été étudiés depuis plusieurs années et ils ont montré leurs haut rendement et bonne performance face aux systèmes de vitesse fixe ou non commandés, même dans la catégorie des puissances faibles (Mathew, 2005 ; Hau, 2006 ; Knight and Peters, 2005 ; De Broe et. al., 1999 ; Borowy and Salameh, 1997 ; Ermis, 1992).

Pour les turbines éoliennes de moins de 50kW, plus particulièrement dans la gamme de puissance la plus faible, le générateur synchrone à aimants permanents (PMSG) est largement utilisé principalement en raison du bon compromis qu'il représente entre son coût, sa construction, ses pertes et la présence de pré-magnétisation interne (Söderlund and Eriksson, 1996). Plusieurs types de convertisseurs électroniques de puissance, depuis les convertisseurs DC/DC de base au convertisseur AC/AC triphasé avec bus DC, sont utilisés pour obtenir un transfert de puissance efficace de la turbine éolienne au système électrique. Le niveau de puissance définit le convertisseur approprié pour l'application : les hacheurs pour les chargeurs de batterie et les applications DC de faible puissance (Knight and Peters, 2005, De Broe et. al., 1999 ; Ermis et. al., 1992) et les convertisseurs AC de type source de tension ou de courant pour les systèmes interconnectés de faible puissance et la connexion au réseau public, (Papathanassiou and Papadopoulos, 1999 ; Neris et. al., 1999).

Dans ce chapitre, les méthodes de commande et de régulation aérodynamique les plus utilisées sont montrées et expliquées brièvement. Cependant, comme il a déjà été expliqué, une majorité des turbines éoliennes sont raccordées directement au réseau public d'électricité ; donc, nombreuses sont les éoliennes qui tournent à vitesse fixe à cause de cette connexion directe. Malgré la commande mécanique, l'opération n'est cependant optimale qu'à une seule valeur de la vitesse de vent.

En conséquence, l'intégration de l'asservissement des machines électriques est un complément pour les stratégies aérodynamiques. Le fait de commander la machine et de permettre son fonctionnement à vitesse variable (connexion indirecte au réseau ou application isolée) se montre avantageux pour de nombreuses raisons.

Quelques structures de puissance et de commande dans les systèmes éoliens de faible puissance déjà étudiées auparavant sont aussi présentées et commentées sommairement. Elles donnent quelques idées de base pour proposer une nouvelle structure.

Un système de conversion avec un redresseur à diode et un convertisseur DC/DC cascade est présenté et étudié pour son application dans un système de génération éolien isolé. Il est composé d'un convertisseur élévateur et associé à un autre convertisseur abaisseur, pour optimiser le fonctionnement de l'éolienne dans toute la gamme de vitesse du vent.

La topologie proposée est appropriée pour un petit système de puissance DC avec stockage d'énergie par batterie. Avec le générateur, le composant de puissance électrique principal du système de génération éolien proposé est le convertisseur DC/DC. La commande de la tension permet l'ajustement de la vitesse de rotation de la machine dans le but d'obtenir le maximum de puissance disponible à partir de la turbine éolienne.

Un système de commande est conçu pour le fonctionnement correct du système de génération éolien. Les convertisseurs sont commandés indépendamment et fonctionnent de façon complémentaire. Une simple commande linéaire de la vitesse donne la référence de tension à une commande *feed-forward* du convertisseur cascade.

Les résultats montrent que la structure proposée peut suivre une référence de puissance constante et qu'elle s'adapte correctement à une application de génération éolienne.

3.2 Systèmes de Génération Eoliens Commandés

La courbe typique de puissance d'une éolienne est montrée sur la figure 3.1. Le système commence à générer quand la vitesse du vent dépasse un seuil d'amorçage v_{cut-in}. Ce seuil dépend de plusieurs facteurs selon les structures de conversion employées. Au-delà, la puissance augmente jusqu'aux valeurs nominales de vent (v_N) et de puissance (P_N). Cette valeur de vitesse du vent est déterminante dans la conception du système et elle est choisie généralement entre 11 et 15 m/s. Au delà de cette vitesse, le système fonctionne à puissance constante égale à P_N jusqu'à la vitesse maximale $v_{cut-off}$ au dessus de laquelle l'éolienne doit être mise hors fonctionnement par sécurité. La puissance générée par l'éolienne doit être contrôlée au delà de la vitesse nominale du vent car l'énergie amenée par le vent est supérieure à ce que le système de conversion peut supporter.

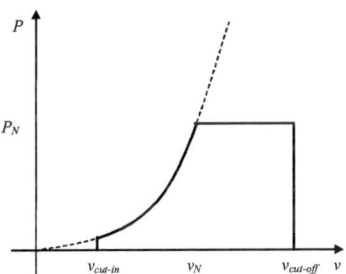

Figure 3.1. Courbe typique d'une turbine éolienne

Les méthodes plus courantes de réglage de la puissance d'une turbine éolienne sont :
  a) La commande de l'angle d'attaque de la pale (*blade pitch control*),
  b) La commande à angle fixe (*passive stall control*),
  c) Commande *stall* active (*active stall control*),
  d) La commande d'orientation (*yaw control*).

3.2.1 Commande Aérodynamique du Rotor

L'expression de la puissance amenée par le vent (3.1) est largement reconnue et utilisée

$$P = \frac{1}{2} \rho \, A C_p \, v^3 \qquad (3.1)$$

Dans l'équation (3.1), ρ est la densité de l'air, A est la surface de balayage des pales, C_P est le coefficient de puissance et v est la vitesse du vent. Pour réaliser une commande de la puissance de l'éolienne, le coefficient de puissance C_P est utile car, à part v, c'est le seul paramètre variable et, à la différence de v, il est réglable. Sa valeur dépend de la vitesse du vent et de la vitesse de rotation du rotor. Le C_P a un comportement non linéaire par rapport au coefficient de vitesses (tip-speed ratio) ($\lambda = \Omega R/v$) et il est caractéristique de chaque type de turbine éolienne. L'évolution de C_P en fonction de λ pour plusieurs éoliennes est montrée sur la figure 3.2.

Sur cette figure on peut remarquer que, en général, la turbine à axe horizontal (HAWT) a un coefficient de puissance plus élevé. Celles à rotor vertical et celles de plus de trois pales (multi-pales) présentent des valeurs plus faibles de C_P : $C_{Pmax} \approx 0.15$ pour la Savonius, $C_{Pmax} \approx 0.4$ pour la Darrieus (valeur la plus haute des machines à axe vertical), $C_{Pmax} \approx 0.3$ pour l'éolienne américaine et $C_{Pmax} \approx 0.25$ pour la forme hollandaise bien connue. La plus performante des éoliennes de la figure est la turbine tripale ($C_{Pmax} \approx 0.5$).

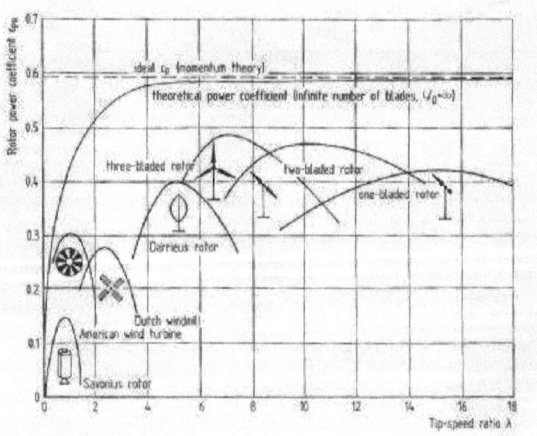

Figure 3.2. Coefficients de puissance (C_p) de différents concepts de rotors éoliens (Source: Hau, 2006)

On peut remarquer que, dans le cas des éoliennes à axe horizontal, les valeurs maximales du C_P ont lieu pour des valeurs de λ plus élevées. En conséquence, pour une vitesse de vent donnée, le rotor doit tourner à une vitesse relativement plus élevée pour développer les meilleures valeurs de rendement aérodynamique. Cette propriété est favorable pour l'association à un générateur, car, dans le cas où il est nécessaire, le rapport de transformation de la boite de vitesses peut être plus faible.

On peut distinguer aussi que le point optimal (λ^*, C_P^*) pour chaque éolienne est un point précis et unique, ce qui est mis à profit par quelques systèmes de commande (commande *blade-pitch* et commande électrique du générateur) chargés de suivre ce point au mieux pour optimiser le fonctionnement et maximiser la puissance produite et l'énergie fournie.

Les stratégies de commande aérodynamiques sont maintenant expliquées brièvement.

3.2.1.1 Commande de l'Angle d'Attaque de la Pale (*Blade Pitch Control*)

Le type de commande le plus utilisé pour les éoliennes de taille moyenne ou grande est le commande de l'angle d'attaque de la pale. Il se réalise par un ajustement de l'incidence du vent sur les pales, ce qui modifie l'angle d'attaque et la quantité de puissance fournie sur l'axe de rotation de la turbine l'éolienne (Figure 3.3). Généralement, cette commande se fait en fonction de la valeur mesurée de la vitesse du vent.

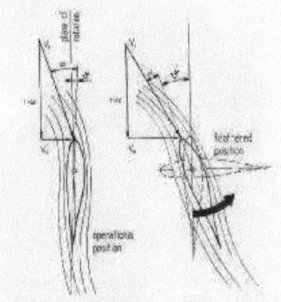

Figure 3.3. Régulation de la puissance du rotor par ajustement de l'angle de la pale (Source: Hau, 2006)

Avec ce type de commande, l'angle de la pale est réglé à sa valeur optimale pour les vitesses du vent entre la vitesse de seuil de démarrage de la turbine et la valeur nominale, pour obtenir ainsi le maximum de puissance du vent. Au-delà de la vitesse nominale, la commande change l'angle des pales de façon à réduire le rendement du rotor, la puissance en excès étant dissipée en pertes aérodynamiques.

3.2.1.2   Régulation à Angle Fixe (*Passive Stall Control*)

Ce type de commande en boucle ouverte est basé sur une conception appropriée du profil de la pale. Lorsque la vitesse du vent dépasse la valeur nominale, le flux d'air du côté supérieur de la pale commence à perdre de la vitesse, ce qui forme des vortex, ces turbulences causent une perte de sustentation aérodynamique de la pale et permettent la dissipation de l'excès de puissance (Figure 3.4). Cette commande agit uniquement pour limiter la puissance à des vents forts, régulant la puissance à sa valeur nominale ou plus faible. Le fonctionnement à vents faibles reste sans aucune commande donc la puissance obtenue dépend des caractéristiques mécanique de la turbine et des caractéristiques électriques de la machine.

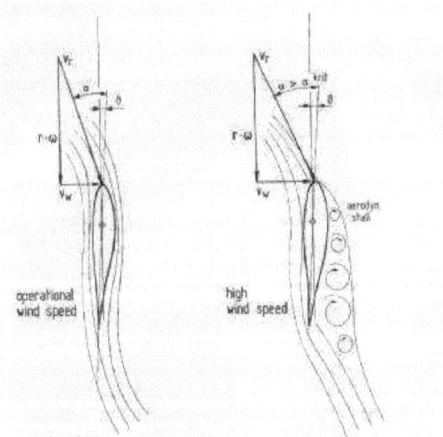

Figure 3.4. Effet de perte de portance (*stall*) à cause de la vitesse de vent élevée pour une pale à angle fixe (Source: Hau, 2006)

La figure 3.4 illustre très bien l'effet de *stall* provoqué par l'angle d'attaque de la pale face au vent. Des vortex se forment réduisant la portance aérodynamique de la pale de l'éolienne, ce qui diminue la puissance obtenue par le système de conversion.

La commande *blade-pitch* permet une capture plus efficace de la puissance par vents modérés grâce à la capacité de réglage à l'angle optimal. Néanmoins, il est nécessaire d'inclure des parties mobiles pour faire l'ajustement, ce qui se traduit par une complexité accrue. De plus, le système de commande a besoin d'une sensibilité suffisante pour suivre les variations du vent, ce qui augmente les coûts. Ce sont des inconvénients vis-à-vis de la régulation *stall* qui n'a pas besoin de système de commande ni de mécanisme de réglage d'angle de pale. Néanmoins, pour chacun de ces cas, les pales doivent être construites spécialement et une technologie sophistiquée est nécessaire pour cela. De même, sans une analyse aérodynamique soignée, des problèmes de vibrations peuvent se présenter (Mathew, 2006).

3.2.1.3 Commande Stall Active (*Active Stall Control*)

Les turbines les plus modernes et de grande capacité utilisent les avantages des deux types de commande déjà présentées comme le proposent certains fabricants danois. Cette méthode est connue comme *Active Stall* ; pour les vents faibles et modérés, la commande est de type *blade-pitch*, et pour le réglage sur la plage à puissance nominale, les pales sont orientées de façon à forcer la perte de portance, ce qui est équivalent au « *passive stall control* ».

3.2.1.4 Commande d'Orientation

Une autre méthode de régulation de la puissance est de positionner la turbine éolienne partiellement hors de la direction du vent pour les vitesses du vent élevées. Cette méthode est nommée commande d'orientation (*yaw control*). Pour les vents supérieurs à $v_{cut\text{-}off}$, la position du rotor est complètement perpendiculaire au vent, ce qui annule toute génération (*furling*). Ce type de commande est cependant limité aux petites turbines éoliennes car cette méthode engendre d'importants efforts mécaniques au niveau du mât et des pales. Les éoliennes de plus grande taille ne peuvent pas adopter cette méthode de régulation de puissance sans provoquer des efforts pouvant endommager l'éolienne.

3.2.2 Commande du Système Electrique

Selon la littérature spécialisée, la commande des turbines éoliennes se fait de préférence par les moyens mécaniques aérodynamiques qui viennent d'être rappelés. Cependant, en suivant les principes de conversion de l'énergie du vent il apparaît qu'une autre forme de régulation de la puissance produite par l'éolienne est d'agir sur sa vitesse de rotation. Plusieurs configurations sont réalisables, avec des machines synchrones ou asynchrones et c'est ici que le domaine des asservissements des machines électriques prend place.

Il y a déjà quelques d'années que cette discipline a développé différentes formes de commande de vitesse, parmi lesquelles plusieurs sont applicables aux systèmes de conversion éoliens. Un résumé de quelques méthodes utilisées et les tendances récentes sur ce sujet, spécialement pour des systèmes de faible taille sont présentés maintenant.

Les systèmes traditionnels fonctionnent typiquement à fréquence fixe, imposée par le réseau auquel ils sont connectés. Le fait de travailler à fréquence fixe et donc, à vitesse de rotation presque fixe, implique qu'il n'y a qu'une seule vitesse de vent pour laquelle l'énergie disponible est correctement exploitée. Pour les autres vitesses de vent, la capture d'énergie se fait de façon sous-optimale.

Les systèmes à fréquence variable présentent différents avantages significatifs (Godoy Simoes, *et. al.*, 1997; Papathanassiou and Papadopoulos, 1999; Neris, *et. al.*, 1999).

    a) La réduction des efforts mécaniques sur la chaîne de conversion principale ;
    b) Une qualité meilleure pour la puissance électrique ;
    c) Un niveau inférieur d'émission de bruit ;
    d) Une capture d'énergie supérieure

Ces systèmes utilisent des convertisseurs statiques qui permettent de transformer une tension issue du générateur à fréquence et amplitude variable en une tension de fréquence et d'amplitude fixes et définies par le réseau ou le système électrique qu'ils alimentent. Ils présentent donc un coût d'installation plus élevé mais le fait de convertir plus d'énergie leur permet de produire à des coûts inférieurs.

3.2.2.1 Systèmes à Vitesse Variable avec des Turbines Eoliennes à Pales Ajustables

La commande de l'angle de pale est basée sur la perte de puissance aérodynamique. Sur la figure 3.5 on peut remarquer qu'il existe une valeur optimale du coefficient de puissance pour chaque valeur de l'angle de la pale. Le niveau du coefficient de puissance maximal est différent pour chaque angle de pale et ceci est exploité pour la régulation à P_N pour $v > v_N$ de la stratégie *blade-pitch*. Il y a aussi un angle β ou le C_P peut atteindre une valeur maximale globale ; il s'agit de l'angle β optimal. Pour les angles différents de l'angle optimal, la puissance produite sera inférieure au maximum. Donc, pour les vents modérés ($v < v_N$), la commande de la vitesse de rotation du système est associée à la commande *blade-pitch* de la façon suivante. Pour un rendement aérodynamique maximal, l'angle de la pale reste fixé à sa valeur optimale β, et la vitesse de la machine électrique est réglée pour fonctionner à la valeur maximale du coefficient de puissance C_p. Ce principe conduit à une production maximale de puissance pour chaque valeur de vitesse du vent (Boukhezzar, 2006). Un schéma simplifié de cette commande est montré dans la figure 3.6.

La commande du générateur électrique est beaucoup plus rapide que celle du mouvement de l'angle d'attaque des pales, ce qui permet, entre autres, de mener des changements rapides que le système de régulation *blade-pitch* ne peut pas suivre. Ceci, d'une part, évite les changements brusques de charge au niveau du rotor, et permet d'autre part de convertir l'énergie qui serait normalement perdue à cause du retard engendré par l'ajustement des pales et d'améliorer l'efficacité énergétique du système.

Durant le fonctionnement à fortes vitesses de vent ($v > v_N$), pour éviter des problèmes d'instabilité, il n'est plus possible de maintenir un angle fixe et de régler uniquement par la vitesse de rotation. La régulation du système est alors inversée, le générateur fonctionne à vitesse fixe et la commande *blade-pitch* fait la régulation du couple pour maintenir la puissance à sa valeur nominale P_N. Cependant, cette solution détériore la réponse dynamique du système. En agissant simultanément sur la commande du générateur et celle des pales, ce qui correspond à une commande multi-variable découplée, une bonne régulation est obtenue, autant pour la puissance que pour la vitesse de rotation (Boukhezzar, 2006).

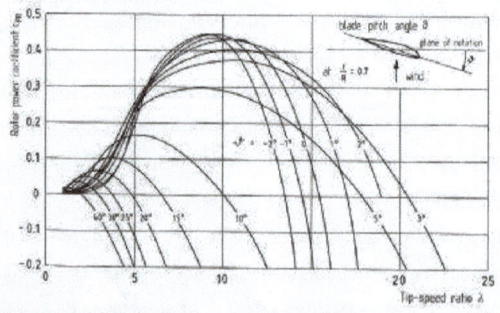

Figure 3.5. Coefficient de puissance C_p en fonction du rapport de vitesses λ pour des angles d'attaque différents. Turbine éolienne expérimentale WKA-60 (Source: Hau, 2006)

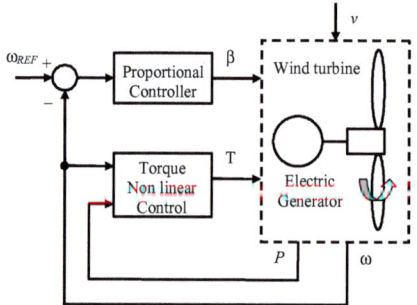

Figure 3.6. Exemple de commande multi-variable proposé par Boukhezzar, (2006)

3.2.2.2 Systèmes à Vitesse Variable avec des Turbines Eoliennes à Pales Fixes

Des structures avec des éoliennes à angle de pale fixe (*stall* ou *pitch* fixé sur une valeur), où la commande du générateur réalise la régulation, sont utilisés pour les systèmes AC individuels (Hilloowala and Sharaf, 1996), pour les réseaux faibles (Neris, *et. al.*, 1999) ou pour le raccordement direct au réseau public (Godoy Simoes, *et. al.*, 1997; Bouscayrol, *et. al.*, 2005).

Pour ces systèmes de moyenne et grande taille, plusieurs méthodes de commande ont été développées. Quelques unes associent des méthodes de commande linéaire et non linéaire (Neris, *et. al.*, 1999) ou font appel à des commandes plus sophistiquées, avec de la logique floue (Hilloowala and Sharaf, 1996; Godoy Simoes, *et. al.*, 1997) ou basées sur l'énergie et la passivité (De Battista, *et. al.*, 2003).

La plupart de ces méthodes utilisent plusieurs étapes, la première pour définir la référence de vitesse du rotor et une seconde pour faire la commande même de la machine électrique. Cette dernière étape utilise la commande *V/f* ou la commande vectorielle pour la machine asynchrone et la commande dans le repère rotorique (*dq control*) pour les machines synchrones.

Plusieurs systèmes évitent de faire la mesure de la vitesse du vent pour se dispenser des anémomètres coûteux. En conséquence, ils utilisent la relation optimale (3.2) entre la vitesse de rotation du système et la puissance à produire, de façon à faire la comparaison et corriger la différence.

$$P_t(\Omega) = P_t^* = \frac{1}{2}\rho \cdot A \cdot C_{pM} \cdot \left(\frac{R}{\lambda^*}\right)^3 \Omega^3 \tag{3.2}$$

Pour les petites turbines éoliennes, le mécanisme d'ajustement de l'angle de la pale est trop cher et ne se justifie pas. La commande à vent faibles peut alors être faite par des moyens électriques (Ermis, *et. al.*, 1992; Borowy and Salameh, 1997; De Broe, *et. al.*, 1999; Knight and Peters, 2005). La perte de sustentation (*stall*) limite la puissance pour les vitesses de vent élevée pour les HAWT et quelques VAWT. La régulation à puissance nominale pour les vents forts peut toujours se faire par la commande du générateur pour les autres VAWT.

Les alternateurs multipolaires à aimants permanents qui n'ont pas besoin de boite de vitesses sont fréquemment utilisés dans ces systèmes. Certaines structures utilisent la régulation de l'excitation du rotor (Ermis, *et. al.*, 1992) pour leur commande. Ils sont souvent connectés à des groupes de batteries, le réglage est fait en fonction de la tension continue pour maitriser l'état de charge.

La commande est conçue pour trouver le point de transfert maximal de puissance. Pour les vents faibles et modérés, ceci peut se faire en suivant le point optimal λ^* (ou C_p^*), puis pour les vents plus forts, en régulant pour rester à P_N. Les systèmes programmables comme les microcontrôleurs (μC) et les processeurs de signaux numériques (DSP, de *Digital Signal Processor*) sont appropriés pour accomplir cette tâche.

La grandeur de commande utilisée couramment est le rapport cyclique d'un convertisseur DC/DC de puissance (hacheur) (De Broe, *et. al.*, 1999; Knight and Peters, 2005), soit pour imposer une certaine valeur de tension aux bornes de la machine, soit pour l'excitation du circuit inducteur au rotor (Ermis, *et. al.*, 1992). Il est aussi possible de rencontrer des structures qui règlent l'angle d'amorçage d'un redresseur commandé à thyristors (Borowy and Salameh, 1997).

La relation optimale puissance vs. vitesse du rotor (3.2) est largement utilisée pour éviter l'utilisation d'anémomètres. Quelques auteurs arrivent jusqu'à faire un modèle du système électrique pour obtenir une relation optimale entre la tension DC et la vitesse de rotor (Knight and Peters, 2005). La mesure de la vitesse de rotation se fait soit par tachymètre, soit par la mesure de la fréquence électrique de la tension de sortie du générateur. Quelques schémas de systèmes précédemment évoqués sont résumés dans les figures 3.7 à 3.10.

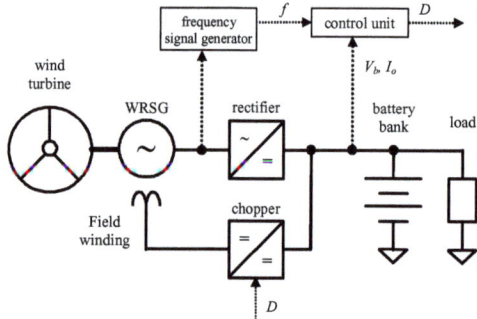

Figure 3.7. Schéma simplifié de la structure de commande appliquée à des systèmes de faible puissance proposée par Ermis *et. al.* (1992)

Ermis *et. al.* (1992) ont proposé la structure de la figure 3.7 qui est composée d'une VAWT posée sur une tour. Elle utilise un arbre de transmission de la longueur de la tour, accouplé à une machine synchrone bobinée (WRSG) qui est placé à la base de la tour. Le système comporte un bus DC pour le stockage d'énergie dans des batteries. Il sert aussi pour commander le circuit d'excitation de l'alternateur et pour fournir de l'énergie à la charge électrique du système en courant continu. Le générateur est spécialement conçu pour son application à un système isolé de faible taille. Pour la commande du WRSG, un convertisseur DC/DC est proposé qui commande le courant d'excitation. Les signaux captés sont la fréquence électrique du générateur, la tension et le courant fournis à la batterie et à la charge. Une unité de commande utilise le rapport cyclique du convertisseur DC/DC comme variable de commande pour ajuster la f.e.m. de la machine.

Le schéma de la figure 3.8 pour un système de génération renouvelable est proposé par Borowy et Salameh (1997). Il est pourvu de production éolienne et photovoltaïque, d'un système de stockage par batterie et d'un onduleur pour fournir la puissance à la charge. La turbine éolienne (HAWT) entraîne un générateur à aimants permanents, qui lui-même est connecté au bus DC par un redresseur commandé à thyristors. Les cellules photovoltaïques sont connectées au bus DC par un convertisseur DC/DC commandé en MPPT (*Maximal Power Point Tracking*). Le système de commande est une unité centrale qui fournit les références pour le MPPT, le redresseur à thyristors et pour l'onduleur.

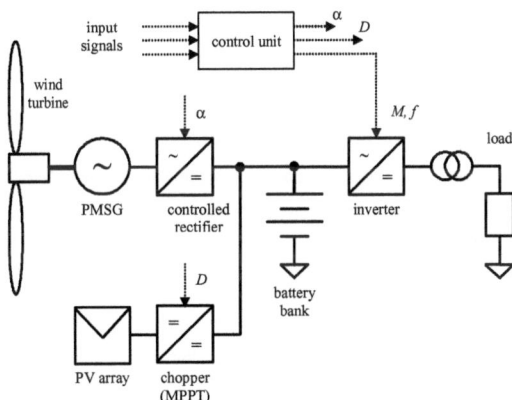

Figure 3.8. Schéma simplifié de la structure proposée par Borowy and Salameh (1997)

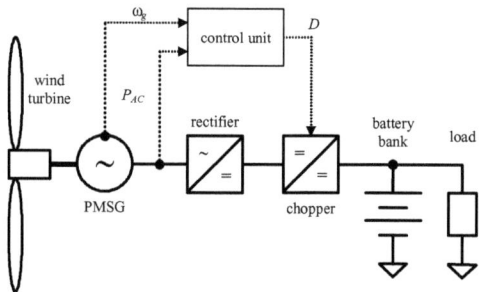

Figure 3.9. Schéma simplifié de la structure proposée par DeBroe *et. al.* (1999)

Le schéma de génération éolienne proposé par DeBroe *et. al.* (1999) (figure 3.9) est composé d'une HAWT, d'un générateur à aimants permanents, d'un convertisseur électronique à deux étages de conversion en cascade et d'un système de stockage par batterie. Les deux étages de conversion électrique sont constitués d'un redresseur pour transformer la tension AC de la machine en une tension DC variable avec la vitesse du générateur puis d'un hacheur pour s'adapter à la variation de la tension à la sortie du redresseur en alimentant le DC bus de la batterie. Le hacheur est un convertisseur DC/DC Buck-Boost (abaisseur et élévateur) qui permet de diminuer ou de monter la tension DC selon les besoins du système.

Le système de commande utilise la relation puissance – vitesse de rotation optimale pour définir la puissance maximale disponible à la vitesse mesurée et fait évoluer le rapport cyclique du hacheur pour minimiser l'écart entre la puissance disponible et la puissance produite. Ainsi le changement la tension DC entraîne la variation de la vitesse de rotation de la machine (fréquence électrique).

Knights et Peters (2005) proposent la structure de la figure 3.10, qui est similaire à celle proposée par DeBroe et. al., avec la différence que le convertisseur DC/DC n'est que Boost (élévateur). Le fonctionnement du système n'est optimisé que sur la plage de vitesse de vents faibles et modérés. Le système est conçu pour nécessiter une commande élévatrice quand la vitesse du vent est inférieure à v_N.

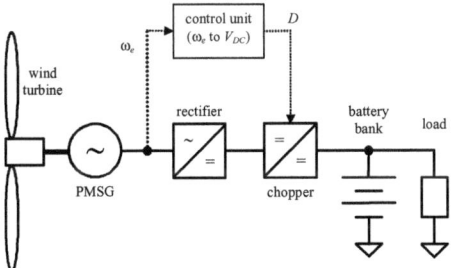

Figure 3.10. Schéma simplifié de la structure proposée par Knight and Peters (2005)

La régulation à puissance nominale pour $v > v_N$ est réalisée uniquement par le décrochement aérodynamique des pales (*stall*) de la turbine éolienne. Le système de commande utilise un capteur de fréquence et un modèle du générateur pour estimer la puissance et régler le rapport cyclique afin de maximiser la production d'énergie.

3.3 Système Eolien avec Commande Proposé

Connaissant les principales structures antérieurement conçues pour des systèmes éoliens de petite taille, à continuation un système de conversion éolien avec commande est proposé et vérifié. Pour cela une topologie de convertisseur et une stratégie de commande ont été spécialement choisies et conçues.

3.3.1 Structure de Puissance

Le système de conversion proposé est obtenu en associant une petite turbine éolienne tripale à axe horizontal (HAWT), une boîte de vitesse, un générateur à aimants permanents, un pont redresseur à diodes, un hacheur, un système de stockage par batterie et une charge électrique (Figure 3.11).

La HAWT présente le coefficient de puissance aérodynamique le plus important de toutes les turbines éoliennes et sa vitesse de rotation optimale est aussi de valeur plus élevée que les autres. Ces caractéristiques en font la structure la plus efficace et la plus appropriée pour leur association aux générateurs électriques (Mathew, 2006 ; Hau, 2006). La boîte de vitesse permet la correspondance entre les vitesses de rotation de l'éolienne et du générateur. Le PMSG est le générateur qui convient le mieux aux applications éoliennes de petite taille car il procure un bon compromis entre son coût, ses performances et son intégration (Hau, 2006 ; Söderlund and Eriksson, 1996). Un simple pont redresseur à diodes est connecté à la sortie du générateur pour la conversion AC/DC.

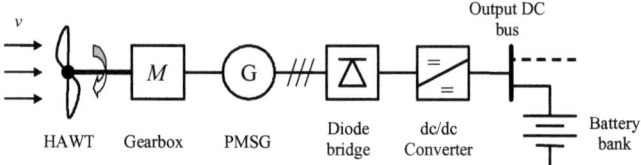

Figure 3.11. Système de conversion éolien proposé, avec commande de vitesse et stockage d'énergie

On a vu que pour une topologie semblable, un convertisseur élévateur (Boost) est utilisé (Knight and Peters, 2005) pour améliorer la production d'énergie du système lorsque les vitesses de vent sont faibles. Dans d'autres propositions, la commande de vitesse du générateur du système (De Broe et. al., 1999) est faite avec un convertisseur abaisseur-élévateur (Buck-Boost) et avec un convertisseur abaisseur par Morales (2006). La structure à tension (vitesse) variable proposée est montrée dans la figure 3.12. Il s'agit d'un convertisseur élévateur (boost) puis un convertisseur abaisseur (buck) connectés en cascade.

Cette topologie combine les principaux avantages des topologies précédentes : une forme d'onde de courant non découpée à l'entrée du convertisseur et la capacité d'abaisser et d'élever la tension (Ang and Oliva, 2005).

- Le premier étage du convertisseur cascade présente une inductance en série à l'entrée L_1 (Figure 3.12). Avec ce composant, le courant d'entrée comporte une composante continue principale et une ondulation superposée dont l'amplitude dépend de la conception du convertisseur en mode continu. Cette caractéristique permet aussi au convertisseur d'être utilisé pour la correction du facteur de puissance si nécessaire.
- La fonction abaisseur permet une réduction de la tension de la machine lors du fonctionnement à vents forts pour ainsi rester à puissance maximale du générateur et éviter la surcharge du système (De Broe et. al., 1999).

Chapitre 3 – Commande du Système de Conversion Eolien

- La fonction élévateur est utilisée pour les vitesses de vent faibles et élargit la plage de fonctionnement en réduisant la vitesse de vent minimale du système (De Broe et. al., 1999 ; Knight and Peters, 2005).

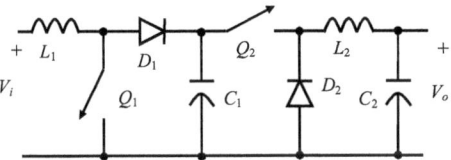

Figure 3.12. Convertisseur cascade Boost + Buck proposé pour le système de génération éolien.

Le système proposé permet de faire du stockage par batterie. La tension DC du système est choisie à 70 V_{DC} pour mieux l'adapter à celle du générateur (PMSG), lequel a une tension nominale de 110 V_{LL}. Des diodes de recouvrement rapide (*fast recovery diode*) et des MOSFET de puissance sont utilisés pour la commutation à haute fréquence.

La vitesse de rotation de système est ajustée par la commande de tension du convertisseur. De cette façon, la tension du PMSG est ajustée pour obtenir la vitesse de rotation voulue. La commande de vitesse proposée suit le rapport de vitesses qui maximise le coefficient de puissance de la turbine éolienne.

La commande, conçue pour assurer une bonne stabilité du système, fait fonctionner chaque convertisseur en mode complémentaire ; c'est-à-dire, un seul des deux convertisseurs de la topologie cascade fonctionne à la fois. Ainsi, quand l'abaisseur est en fonctionnement, le boost est équivalent à un filtre d'entrée LC, qui élimine l'ondulation du courant due au découpage et quand l'élévateur fonctionne, le buck est équivalent à un filtre de sortie LC.

3.2.2 Stratégie de Commande

La stratégie de commande du système comporte deux étapes. Une première étape qui crée la référence de tension DC pour arriver à la vitesse de rotation souhaitée selon les conditions du système puis une deuxième étape qui élabore la commande des convertisseurs pour arriver à cette valeur de tension.

3.2.2.1 Commande de la Vitesse de la Machine

La puissance mécanique de l'éolienne dépend de la densité de l'air, de l'aire balayée par les pales, du coefficient de puissance et de la vitesse de vent. Les deux premiers paramètres sont sensiblement constants et la vitesse de vent n'est pas un paramètre contrôlable. Le coefficient de puissance (C_P) est une caractéristique de la turbine éolienne qui dépend du rapport de vitesses λ.

La figure 3.13 montre la relation entre le C_P (λ) l'éolienne tripale du système et la production de puissance pour trois valeurs différentes de vitesse du vent.

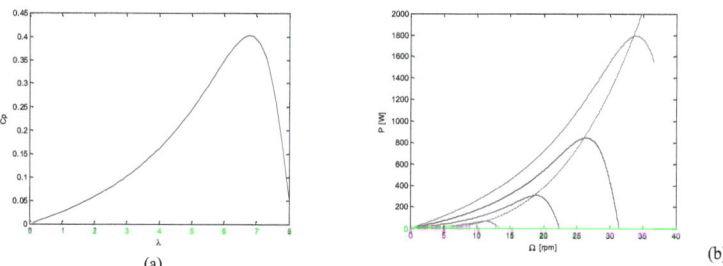

Figure 3.13. (a) Courbe caractéristique de la turbine éolienne, (b) Puissance délivrée par l'éolienne en fonction de la vitesse de rotation du générateur et courbe de puissance maximale (ligne en tirets)

Le coefficient de puissance est maximal pour une certaine valeur de λ. Pour chaque vitesse du vent v, il y a donc une vitesse de rotation Ω de la machine qui maximise l'utilisation de la turbine éolienne au point optimal du coefficient de puissance. L'ensemble de ces points (la ligne en tirets sur la figure 3.13b) correspond à la relation (3.2) mentionnée précédemment.

Le réglage de la tension aux bornes du générateur sera le seul moyen pour commander la vitesse de rotation du système car le générateur PMSG n'a pas d'excitation variable. La commande de la tension aux bornes du générateur est faite avec le convertisseur DC/DC, qui ajuste sa tension d'entrée (la tension de sortie du redresseur) pour une tension de sortie fixée par les batteries. Il agit indirectement comme une commande à vitesse variable pour le générateur.

Si la mesure de la vitesse du vent est disponible, la référence de vitesse est donnée par une relation linéaire (3.3) (Papathanassiou et Papadopoulos, 1999). Cette approche est simple et directe, mais la mesure précise de la vitesse de vent est difficile et exige l'utilisation d'un anémomètre, élément couteux. Une autre méthode propose de suivre à la trace la puissance maximale par l'accélération du rotor créée par le déséquilibre des puissances mécanique et électrique (Neris *et. al.*, 1999). Cette méthode n'utilise pas de mesure de la vitesse du vent, mais des oscillations peuvent avoir lieu autour du point de fonctionnement et peuvent limiter la détection des changements (Knight et Peters, 2005). D'autres approches proposent une commande basée sur un rapport prédéterminé entre la fréquence électrique du générateur et la puissance délivrée par la machine (3.4) (DeBroe *et. al.*, 1999) ou entre la fréquence et la tension DC (Knight et Peters, 2005). De cette manière, la mesure de la vitesse du vent n'est pas nécessaire non plus pour l'asservissement ; cependant, la fréquence électrique ou la vitesse de rotation, la puissance dans un cas ou la tension DC dans l'autre cas doivent être mesurées. Pour le cas avec mesure de la tension, des modèles de la machine et du convertisseur doivent être inclus dans le système de commande. En général, les commandes ont besoin de la mesure de la vitesse de rotation ou de la fréquence électrique pour la commande en boucle fermée.

$$\lambda^* = \frac{R \cdot \Omega^*}{v} \Rightarrow \Omega^* = \frac{\lambda^*}{R} v \qquad (3.3)$$

Une fois connue la mesure de la puissance délivrée P, la référence de vitesse Ω^*, est simplement donnée par (3.2) :

$$P(\Omega) = \frac{1}{2} \rho \cdot A \cdot C_{pM} \cdot \left(\frac{R}{\lambda^*}\right)^3 \Omega^3 = k \cdot \Omega^3 \Rightarrow \Omega^* = \left(\frac{P}{k}\right)^{1/3} \qquad (3.4)$$

La constante k est donnée par l'expression suivante :

$$\frac{1}{2} \rho \cdot A \cdot C_{pM} \cdot \left(\frac{R}{\lambda^*}\right)^3$$

Tout les coefficients sont constants et représentent des paramètres de la turbine éolienne utilisée.

Par simplicité, l'équation (3.3) est utilisée pour valider la structure de puissance proposée. La connaissance du rayon de pale de l'éolienne R et du rapport de vitesses optimal λ^* est alors nécessaire.

La vitesse de rotation du système est commandée de façon linéaire et le signal de sortie donne la référence de tension pour la commande du convertisseur cascade. La figure 3.14 montre le schéma bloc du système de commande proposé.

Un bloc d'aide à la commande (*FF Speed Control*) est ajouté à la commande linéaire à régulateur PI pour améliorer la commande. Celle-ci prend en compte le modèle pour calculer la tension aux bornes de la machine correspondant approximativement à la vitesse de rotation désirée pour le système (3.5).

$$\left.\begin{array}{l} V_{DC\_REF} = G_R \cdot u_s^* \\ e = \omega \cdot \psi_r = p \cdot \Omega_G \cdot \psi_r \\ u_s^* \approx e, \end{array}\right\} \Rightarrow V_{DC\_REF} \approx G_R \cdot p \cdot \Omega_G^* \cdot \psi_r \qquad (3.5)$$

U_{DC} est la tension continue

u_s est la tension alternative maximale du système en régime sinusoïdal,

e est la valeur maximale de la force électromotrice (f.e.m.) du PMSG

L'approximation réalisée est que les tensions u_s et e sont à peu près égales. L'erreur faite par ce calcul est compensée grâce à l'action intégrale du régulateur PI.

Un bloc de saturation est ajouté afin d'éviter un dépassement de la vitesse de rotation nominale du système.

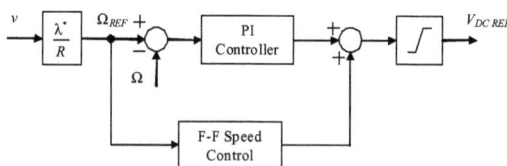

Figure 3.14. Schéma bloc du système de commande de vitesse proposé.

3.2.2.2 Stratégie de Commande pour les Convertisseurs

Chaque convertisseur est commandé de façon indépendante et complémentaire. Pour l'asservissement de la tension, une simple stratégie « *feed-forward* » est utilisée.

Une première partie est un sélecteur qui permet le fonctionnement complémentaire des convertisseurs. Pour cela, la tension DC à la sortie du redresseur à diodes du système de conversion est mesurée. Cette tension est proportionnelle à la tension AC présente aux bornes de la machine qui est elle même proportionnelle à la vitesse de rotation de la machine à aimants permanents.

Pour l'asservissement de la tension DC, les relations des tensions AC, DC et de la batterie sont prises en compte.

$$V_{DC} = G_R \cdot u_S$$
$$U_{Batt} = G_{DC/DC} \cdot V_{DC} = f(D) \cdot V_{DC} \quad (3.6)$$

Le rapport de tension (ou gain de tension $G_{DC/DC}$) du convertisseur abaisseur (Buck) en mode de conduction continue (mode courant continu) est donné par l'équation (3.7)

$$\frac{V_o}{V_i} = D \quad (3.7)$$

Dans cette application un groupe de batteries maintient la tension de sortie à un niveau fixe et le convertisseur est censé réguler la tension DC selon les besoins du système de conversion.

Ainsi, lorsque le convertisseur Boost ne sera pas en fonctionnement (le transistor reste ouvert et la diode laisse passer le courant), en mode *feed-forward*, la variable de commande est simplement le rapport cyclique (3.8) :

$$D_{Buck} = \frac{V_{Batt}}{V_{DC\,REF}} \quad (3.8)$$

V_{Batt} est la tension de batterie et la valeur de référence de tension $V_{DC\,REF}$ est issue de la commande de vitesse de la machine.

Pour le convertisseur élévateur, le gain en tension est :

$$\frac{V_o}{V_i} = \frac{1}{1-D} \qquad (3.9)$$

Lors du fonctionnement du Boost, le convertisseur Buck reste hors de fonctionnement (le transistor est fermé, permettant au courant de passer vers la charge et la diode se maintient ouverte).

En conséquence, en mode *feed-forward*, la variable de commande (le rapport cyclique) est simplement :

$$D_{Boost} = 1 - \frac{V_i^*}{V_{Batt}} \qquad (3.10)$$

La figure 3.15 montre le schéma de la commande proposée pour le convertisseur cascade, et indique la réalisation du calcul du rapport cyclique pour chaque convertisseur. La référence de tension pour le bus DC est comparée à la tension de batterie pour déterminer l'état souhaité pour le fonctionnement des convertisseurs. Un simple circuit numérique complète la tâche. Une fonction AND est utilisée pour la commande du convertisseur élévateur, car celui-ci fonctionne uniquement quand la référence de tension du bus DC est inférieure à la tension de la batterie (action d'élévation de tension DC vers la batterie) et, quand l'abaisseur fonctionne, le transistor du Boost doit rester ouvert. La fonction OR permet de commander le convertisseur Buck lorsque la tension redressée est supérieure à celle de la batterie (action de réduction de tension vers la batterie) et pour laisser fermé le transistor du Buck quand le convertisseur élévateur marche.

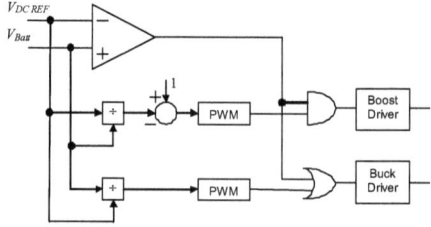

Figure 3.15. Diagramme bloc de la commande proposée pour les convertisseurs.

3.2.3 Résultats

Le système de génération éolien a été simulé de façon numérique avec Simulink©, en utilisant l'outil PowerSym© de Matlab ©.

La turbine éolienne est modélisée par un système simple qui produit de la puissance mécanique, en fonction de la vitesse du vent et de la vitesse de rotation de l'arbre. La boite de vitesse est représentée par un simple gain égal au rapport du multiplicateur.

Le générateur utilisé est un des modèles contenu dans l'outil PowerSym.

Pour des raisons de simplicité et afin d'observer correctement le comportement du système, le vent a été modélisé comme une grandeur connue et maîtrisable.

3.2.3.1 Commande de la Vitesse de Rotation

Pour cette première partie, le système convertisseur cascade plus batterie a été modélisé comme une source de tension commandée à gain unitaire dont l'entrée est le signal issu du bloc de commande de vitesse. La figure 3.16 indique l'évolution de la vitesse de rotation du PMSG et permet de comparer la référence (ligne bleue) et la vitesse de rotation de la machine (ligne verte) lors des variations de vitesse du vent.

La vitesse du vent est variable afin de passer d'un vent faible (3 m/s) à des vitesses de vent plus élevées (jusqu'à 8 m/s) et vice-versa. Des vents plus forts ont été écartés car la puissance optimale dépasse la puissance nominale du système.

La stratégie de commande linéaire avec block *FF* d'aide à la commande qui est proposée permet de suivre la référence de vitesse pour que le système de génération éolien puisse produire le maximum de puissance. Un léger dépassement causé par la dynamique de commande est observé. La première partie (jusqu'aux 0.3 secondes) correspond seulement au transitoire de démarrage du système.

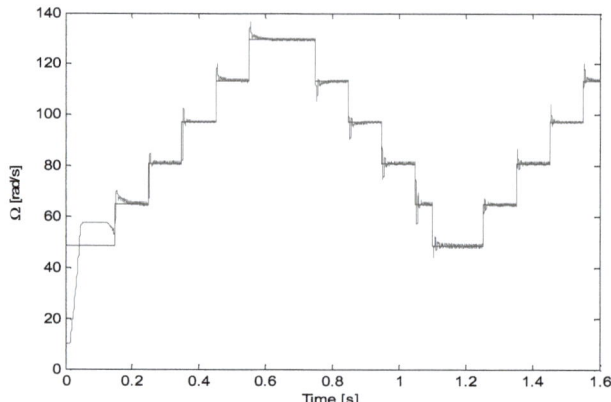

Figure 3.16. Vitesses de rotation de référence et mesurée en simulation du système éolien.

3.2.3.2 Commande des Convertisseurs. Application à Puissance Constante

Dans cette section, les résultats de la simulation numérique du convertisseur cascade utilisé pour une application de régulation de puissance sont montrés et analysés. La figure 3.17 montre les tensions (haut) et les courants (bas) à l'entrée (lignes vertes) et à la sortie (lignes bleues) du convertisseur cascade.

Selon cette figure, en général, la commande fournit une tension régulée à partir de la tension variable d'entrée. Lorsque la tension à l'entrée du convertisseur devient trop faible, la commande essaye de maintenir la puissance et entraîne une valeur élevée pour le courant d'entrée du convertisseur, ce qui perturbe la régulation de la tension. Il est alors envisageable de faire une régulation du courant lorsque la tension est trop faible à l'entrée.

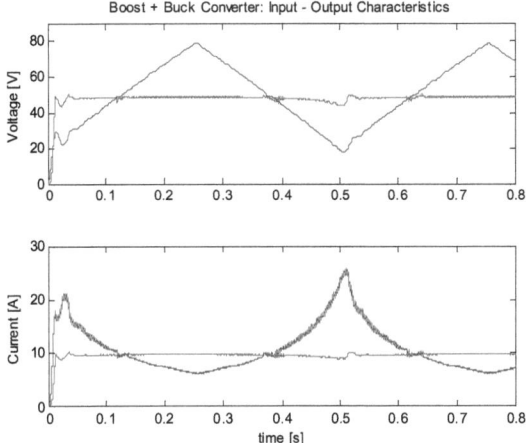

Figure 3.17. Résultats de simulation de la structure cascade proposée pour une référence de puissance fixe.

Lorsque la tension d'entrée est presque égale à la tension de sortie, il y a une région délicate de régulation de tension. Dans cette zone, le rapport cyclique de l'élévateur est ajusté à 0 et celui de l'abaisseur est réglé à 1. Comme le montre le résultat de simulation, le fonctionnement pratique des convertisseurs pour ces valeurs extrêmes des rapports cycliques n'est pas conforme à la théorie. Pour lever cette difficulté, une solution pourrait être de commander les deux convertisseurs à la fois, créant ainsi une zone de régulation avec une valeur de gain en tension proche de l'unité. Cependant, la stabilité et les performances de cette solution restent à étudier et à valider.

3.2.3.3 Application à un Système de Génération Eolien

La structure complète turbine éolienne – générateur – convertisseur dédiée à une application en site isolé pour la charge de la batterie est maintenant vérifiée par des simulations numériques. Les paramètres du système liés à la commande sont résumés dans le tableau 3.1.

Pour des raisons de vitesse de la simulation numérique, la fréquence de découpage f_S utilisée est seulement de 5 kHz. Dans la réalité, cette valeur peut être beaucoup plus élevée grâce aux semi-conducteurs aujourd'hui disponibles. Ceci permettra aussi d'utiliser des composants de convertisseur (inductances et capacitances) plus petits.

Les résultats de la commande de vitesse sont présentés dans les figures 3.18 et 3.19. Un premier test est réalisé pour un vent qui passe successivement de 3 à 4 m/s puis à 5 m/s et un second pour l'inverse. Les variables électriques du système aussi sont précisées pour ces mêmes cas dans les figures 3.20 et 3.21.

Tableau 3.1. Paramètres du système de génération éolien

Paramètre	Valeur
Rayon de pale de la turbine éolienne	$R = 1.8$ m
Rapport de vitesses λ optimal de la turbine éolienne	$\lambda^* = 6.8$
Résistance, inductance, flux des aimants et nombre de paires de pôles du générateur à aimants permanents	$R_s = 0.9585$ Ω, $L_s = 5$ mH, $\Psi_r = 0.1827$ Wb, $p = 4$
Inertie et facteur de friction du générateur	$J = 6.329 \cdot 10^{-4}$ Kg·m² $F = 3.035 \cdot 10^{-4}$ N·m·s²
Rapport de transformation de la boite de vitesses	$M = 30/7$
Convertisseur Boost	$L = 5$ mH ; $C = 6\mu$F
Convertisseur Buck	$L = 6$ mH ; $C = 33$ μF
Tension de batterie	$U_{batt} = 72$ V
Commande Proportionnelle et Intégrale	$K_P = 0.2$; $\tau_I = 1/100$

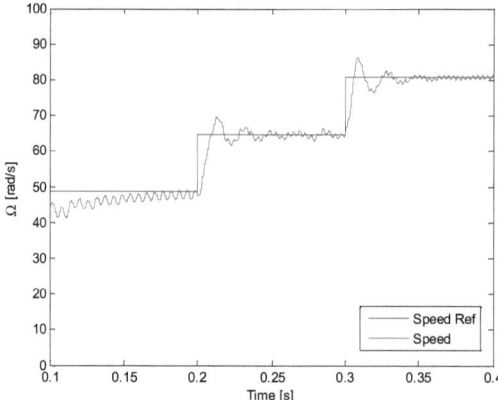

Figure 3.18. Vitesse de rotation du générateur avec la structure proposée pour des sauts de vitesse du vent de 3 à 4m/s puis de 4 à 5 m/s.

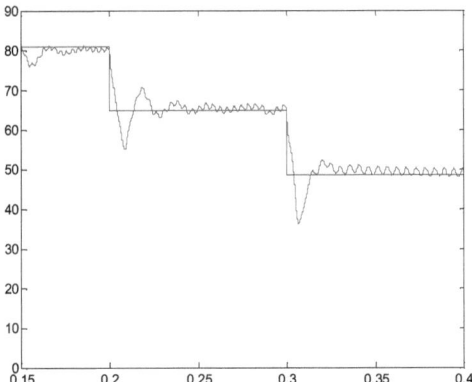

Figure 3.19. Vitesse de rotation du générateur avec la structure proposée pour des sauts de vitesse du vent de 5 à 4 et de 4 à 3 m/s.

On peut observer des figures 3.18 et 3.19 que la commande linéaire de la vitesse associée à la commande *feed-forward* des convertisseurs permet de suivre de façon correcte et rapide la référence de vitesse induite par les sauts de vitesse de vent. Le dépassement lors d'une augmentation de la vitesse du vent est de l'ordre de 20%; cependant, lors d'une réduction de la vitesse du vent, ce dépassement est plus élevé, environ 50%. Ceci peut s'expliquer par des dynamiques de haute fréquence ou non linéaires que la commande ne peut pas surmonter. Ce problème peut être résolu en faisant un ajustement des paramètres de la commande linéaire utilisée.

Quelques faibles oscillations de la vitesse sont remarquables en état stationnaire, cependant le temps de stabilisation est de l'ordre de quelques millisecondes. Ceci s'explique par le modèle sans inertie du système mécanique utilisé pour mieux observer la réponse du système électronique commandé qui reporte les ondulations de tension au niveau de la vitesse de rotation.

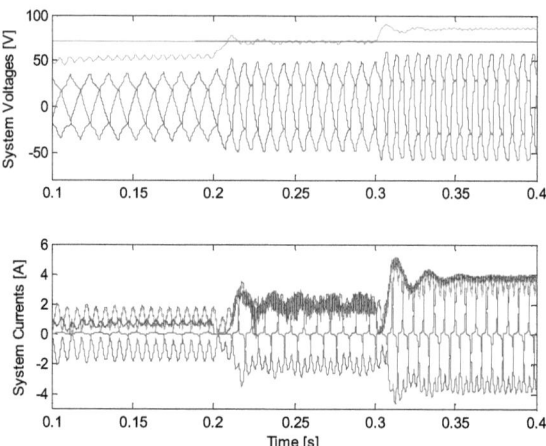

Figure 3.20. Tensions DC et AC ; courants du système de génération pour des sauts de vitesse du vent de 3 à 4 et de 4 à 5 m/s.

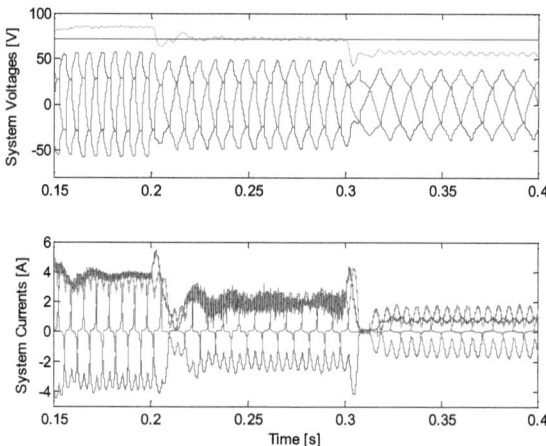

Figure 3.21. Tensions DC et AC ; courants du système de génération pour des sauts de vitesse du vent de 5 à 4 et de 4 à 3 m/s.

On peut observer l'action de la commande au niveau des tensions et des courants du système (figures 3.20 et 3.21) ; elle arrive à asservir correctement la tension DC pour modifier la vitesse de rotation de la machine, ce qui est vérifié à partir de la fréquence des signaux AC.

Quelques faibles oscillations de la tension DC commandée et du courant DC sont remarquables ; elles sont plus marquées pour les tensions faibles (dans ce cas, pour une vitesse de vent de 3 m/s). Ceci s'explique par l'effet du redressement des tensions et des courants AC.

Des oscillations du courant à la fréquence de découpage sont observables pour une vitesse du vent de 4 m/s. Ceci s'explique par une zone où la tension de référence est presque égale à celle de la batterie ; ce qui implique un état OFF du convertisseur élévateur pour un rapport cyclique trop faible ($D_{Boost} \approx 0$) et l'état ON de l'abaisseur pour un rapport cyclique trop élevé ($D_{Buck} \approx 1$). Cet effet n'a pas d'influence sur l'allure de la tension DC obtenue. Dans les zones de fonctionnement normal des convertisseurs (rapport cyclique des convertisseurs entre 0.1 et 0.9), le courant reste bien régulé.

3.4 Conclusion

Les principales méthodes de commande et de régulation aérodynamique ont été rassemblées et commentées dans ce chapitre. L'importance du fonctionnement à vitesse variable pour une exploitation optimale des structures de conversion associée à l'asservissement de l'état des machines électriques pour différentes stratégies aérodynamiques dans les applications éoliennes est également indiquée.

Différentes structures de puissance et de commande de systèmes éoliens de faible puissance préalablement étudiées et vérifiées par différents auteurs sont aussi présentées et commentées. Elles permettent de situer quelques données de référence servant de base pour proposer une nouvelle structure.

Un système de conversion avec un redresseur à diode et un convertisseur DC/DC cascade est présenté et étudié pour son application dans un système de génération éolien isolé. La vérification du système a été réalisée par simulation numérique. Une commande linéaire de vitesse en boucle fermée et une commande en boucle ouverte des convertisseurs ont permis d'obtenir des résultats qui prouvent la validité du système proposé pour réaliser et commander un générateur électrique éolien de faible taille.

4 Méthode Analytique d'Evaluation des Pertes dans les Convertisseurs de Puissance

Nomenclature

r_D	Résistance interne de la diode à l'état conducteur (Ω)
V_D	Tension de seuil de la diode (V)
I_D	Courant moyen dans la diode (A)
$i_{D\,RMS}$	Courant efficace dans la diode (A)
p_D	Pertes par conduction dans la diode (W)
r_T	Résistance interne du transistor à l'état conducteur (Ω)
V_T	Tension de seuil du transistor (V)
I_T	Courant moyen dans le transistor (A)
$i_{T\,RMS}$	Courant efficace dans le transistor (A)
p_T	Pertes par conduction dans le transistor (W)
p_R	Pertes par conduction dans le redresseur (W)
D	Rapport cyclique du convertisseur DC/DC (hacheur) (-)
t_{on}	Durée de la conduction du transistor (s)
t_{off}	Durée du blocage du transistor (s)
I_L	Courant moyen en sortie du hacheur (A)
$i_{L\,RMS}$	Courant efficace en sortie du hacheur (A)
$p_{dc/dc}$	Pertes par conduction dans le hacheur (W)
I_m	Courant maximal en régime permanent en sortie du convertisseur (A)
M	Profondeur de modulation imposée à l'onduleur (-)
φ	Déphasage introduit par la charge de l'onduleur (rad)
$p_{dc/ac}$	Pertes par conduction dans l'onduleur (W)
p_{sw}	Pertes par commutation dans le hacheur (W)
V_m	Tension maximale découpée par le hacheur (V)
t_r	Temps de montée du courant dans l'interrupteur (s)

t_f	Temps de descente du courant dans l'interrupteur (s)
I_N	Courant nominal en sortie du convertisseur (A)
t_{rN}	Temps nominal de montée du courant dans l'interrupteur (s)
t_{fN}	Temps nominal de descente du courant dans l'interrupteur (s)
t_{rrN}	Temps nominal de recouvrement inverse (s)
Q_{rrN}	Charge nominale en recouvrement inverse de la diode (C)
f_s	Fréquence de découpage du convertisseur (Hz)
$p_{c,\,on}$	Pertes par commutation (à l'amorçage) (W)
$p_{c,\,off}$	Pertes par commutation (à l'extinction) (W)
p_{rr}	Pertes par recombinaison (W)

4.1 Introduction

Selon la description faite dans le chapitre 1 de cette thèse, un système d'énergie hybride renouvelable (HRES) est un système de génération composé au minimum de deux sources d'énergie dont l'une au moins est d'origine renouvelable. Les applications concernent par exemple le pompage de l'eau, le stockage de vaccins, l'électrification rurale, en particulier dans des lieux isolés où l'accession à l'énergie d'un réseau est très coûteuse ou même impossible (Chedid et Rahman, 1997 ; Borowy et Salameh, 1994).

Avant de décider l'implantation d'un système hybride renouvelable, un dimensionnement doit être mené afin d'estimer le coût de l'énergie produite dans des conditions de fiabilité raisonnables. Il est généralement important d'évaluer les pertes dans le générateur diesel (DG), dans la turbine éolienne, dans les panneaux photovoltaïques (PV) et dans les convertisseurs électroniques de puissance. Cela permet de préciser la quantité d'énergie récupérable et la part fournie par chaque source. Divers auteurs ont traité de l'estimation des pertes dans les convertisseurs dans un large cadre d'applications, mais pas spécifiquement dans le domaine des systèmes d'énergie renouvelables. L'objectif se limite généralement à dimensionner correctement l'électronique de puissance et les refroidisseurs associés mais quelques travaux ont néanmoins été menés dans le but d'optimiser l'énergie recueillie (Morales et Vannier, 2004, montrent une approche itérative dans la procédure de dimensionnement, laquelle utilise des rendements constants).

Dans ce chapitre, une nouvelle approche pour la détermination des pertes dans les convertisseurs électroniques de puissance est proposée et étudiée. Les équations sont développées en considérant les caractéristiques particulières d'un petit système de génération hybride renouvelable et son fonctionnement. Un générateur diesel (DG), une turbine éolienne (WT), des panneaux solaires photovoltaïques (PV) et un groupe de batteries composent le système isolé. La procédure de dimensionnement prend en compte les aspects économiques de chaque unité de production et la nature stochastique des sources renouvelables. L'estimation des pertes est incluse dans cette procédure et les résultats sont comparés à une approche à rendement constant.

La première partie de ce chapitre précise les modèles développés pour l'estimation des pertes par conduction dans les redresseurs, les convertisseurs DC/DC et DC/AC ainsi que les pertes par commutation dans les hacheurs et les onduleurs. Des simulations numériques basées sur ces modèles ont été effectuées. Les conclusions qui en découlent sont présentées.

Ces équations obtenues sont utilisées pour calculer l'énergie non fournie d'un système de génération hybride qui utilise tous les convertisseurs électroniques de puissance étudiés. Ces résultats sont comparés à ceux obtenus du dimensionnement du système avec une approche à rendement constant.

4.2 Méthode Proposée

Nous allons présenter une méthode purement analytique pour évaluer les pertes par conduction dans un redresseur triphasé, par conduction et par commutation dans un hacheur et dans un onduleur triphasé. Le hacheur et l'onduleur sont supposés être commandés par modulation de largeur d'impulsion (MLI ou PWM : *Pulse Width Modulation*).

4.2.1 Calcul des Pertes

En ce qui concerne le redresseur, les pertes par commutation ne sont pas prises en considération puisque négligeables à la fréquence de fonctionnement qui est celle du réseau (50 ou 60 Hz). Par contre, les pertes par commutation dans le hacheur et dans l'onduleur sont évidemment bien supérieures à la fréquence de découpage qui est la leur et doivent être rajoutées aux pertes par conduction.

4.2.1.1 Pertes par Conduction dans les Diodes

Un modèle de diode simple mais classique est utilisé pour évaluer les pertes par conduction dans les convertisseurs électroniques de puissance (Figure 4.1). Dans cette figure, r_D est la résistance de la diode à l'état conducteur et V_D est la tension de seuil à dépasser pour que la diode entre en conduction. Ces deux paramètres sont caractéristiques de la diode utilisée.

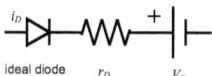

Figure 4.1. Modèle de la diode pour le calcul des pertes par conduction

Il résulte de ce modèle que les pertes par conduction dans chaque diode sont calculables à partir de la relation (4.1). I_D est le courant moyen et $I_{D\,RMS}$ est le courant efficace dans la diode.

$$p_{diode} = V_D \cdot I_D + r_D \cdot i_{D\,RMS}^2 \qquad (4.1)$$

4.2.1.2 Pertes par Conduction dans les Transistors

Des transistors sont nécessaires dans le MPPT des panneaux solaires (hacheur) et dans l'onduleur.

Le modèle de la diode est applicable aux transistors pour évaluer leurs pertes par conduction. Il doit toutefois inclure un interrupteur (idéal) en série avec les autres éléments afin de refléter sa fonction première. Ce modèle peut être utilisé tant pour les transistors MOSFET (*Metal Oxyde Silicium Field Effet Transistor*) que pour les IGBT (*Insulated Gate Bipolar Transistor*). Dans le cas des MOSFET, la tension de seuil est nulle. Ainsi, les pertes par conduction sont calculables à partir de l'équation (4.2). V_T est la tension de l'interrupteur en conduction, r_T est la résistance interne du transistor à l'état conducteur, I_T et $i_{T\,RMS}$ sont les valeurs moyenne et efficace du courant qui circule par le transistor.

$$p_T = V_T \cdot I_T + r_T \cdot i_{T\,RMS}^2 \qquad (4.2)$$

4.2.1.3 Pertes par Conduction dans le Redresseur

Selon l'utilisation qui en est faite, le pont de diodes impose à sa source alternative une distorsion marquée des courants ou des tensions. Dans le cas d'un raccordement au réseau public, par exemple, les tensions sont imposées à l'entrée du pont et sont peu affectées par le fonctionnement de celui-ci ; si la charge du redresseur est plutôt de nature inductive (un filtre LC par exemple), les courants consommés revêtent une forme rectangulaire ; si la charge est plutôt capacitive (filtre C), les courants sont des impulsions. Cependant, dans le cas qui nous intéresse, le pont de diodes est raccordé à un générateur alternatif inductif et débite dans une batterie dont la tension ne peut varier très rapidement (Figure 4.2) : dans ces conditions, le pont de diodes consomme des courants alternatifs d'allure sinusoïdale (figure 4.3) mais impose au générateur des tensions en forme de créneaux, d'amplitude voisine de la tension du bus DC.

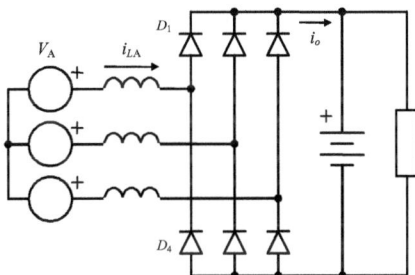

Figure 4.2. Pont redresseur triphasé raccordé à un générateur inductif et à une batterie

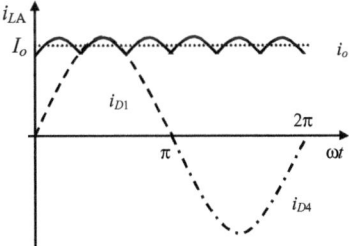

Figure 4.3. Allure des courants dans un pont de diodes triphasé : courant d'entrée i_{LA} (composé des courants i_{D1} et i_{D4}) et courant de sortie I_o

Des courants en forme d'arches de sinusoïde traversent les diodes du pont. Pour évaluer les pertes de conduction avec (4.1), il est nécessaire de calculer la valeur moyenne et la valeur efficace du courant dans chaque diode. À l'aide de la figure 4.3, ces valeurs peuvent s'exprimer en fonction du courant efficace i_L en entrée ou en fonction du courant moyen I_o en sortie (4.3) et (4.4). Ces expressions ne sont valables que dans le cadre de la conduction continue. La figure 4.4 montre le courant sur une phase i_{LA}, composée des courants des diodes i_{D1} et i_{D4}, et le courant de sortie DC I_o.

$$I_o = \frac{1}{T}\int_0^T i_o \, dt = \frac{6}{2\pi}\int_{\pi/3}^{2\pi/3} I_m \sin(\omega t)\, d(\omega t) = \frac{3}{\pi}I_m = \frac{3}{\pi}\sqrt{2}\, i_L = \frac{3\sqrt{2}}{\pi}i_L \approx 1.35\, i_L$$

$$I_D = \frac{1}{T}\int_0^T i_D \, dt = \frac{1}{2\pi}\int_0^{\pi} I_m \sin(\omega t)\, d(\omega t) = \frac{2\sqrt{2}\, i_L}{2\pi} = \frac{\sqrt{2}}{\pi}i_L$$

$$I_D = \frac{\sqrt{2}}{\pi}i_L = \frac{\sqrt{2}}{\pi}\cdot\frac{\pi}{3\sqrt{2}}\cdot I_o = \frac{1}{3}I_o \tag{4.3}$$

$$i_{D,RMS} = \sqrt{\frac{1}{T}\int_0^T i_D^2\, dt} = \sqrt{\frac{1}{2\pi}\int_0^{\pi} I_m^2 \sin^2(\omega t)\, d(\omega t)} = \sqrt{\frac{I_m^2}{2\pi}\frac{\pi}{2}} = \sqrt{\frac{I_m^2}{4}} = \frac{I_m}{2} = \frac{\sqrt{2}}{2}i_L$$

$$i_{D,RMS} = \frac{\sqrt{2}}{2}i_L = \frac{\sqrt{2}}{2}\cdot\frac{\pi}{3\sqrt{2}}\cdot I_o = \frac{\pi}{6}I_o \tag{4.4}$$

Toutes les diodes du pont étant identiques et chacune étant soumise à la même forme de courant que les autres, les pertes globales dans le redresseur peuvent s'exprimer simplement (six fois les pertes dans une diode), de différentes manières (4.5) et (4.6) :

$$p_R = 6\cdot p_{diode} = 6\cdot\left(V_D\cdot I_D + r_D\cdot i_D^2\right)$$

$$p_R(i_L) = \frac{6\sqrt{2}}{\pi}\cdot V_D\cdot i_L + 3\cdot r_D\cdot i_L^2 \tag{4.5}$$

$$p_R(I_o) = 2\cdot V_D\cdot I_o + \frac{\pi^2}{6}\cdot r_D\cdot I_o^2 \tag{4.6}$$

4.2.1.4 Pertes par Conduction dans le Hacheur

L'analyse qui suit porte sur les pertes par conduction dans un convertisseur DC/DC de type hacheur comportant notamment un transistor, sa diode de roue libre et une inductance de lissage en sortie. Le fonctionnement est supposé être le mode de conduction continu : le courant i_L ne s'interrompt jamais dans l'inductance (figure 4.4). Durant le temps de conduction t_{ON}, le transistor est parcouru par le courant i_L ; durant le temps de blocage t_{OFF} c'est la diode qui conduit. Le rapport cyclique de fonctionnement est noté D. La figure 4.4 montre la composition du courant i_L : le courant i_T dans le transistor et le courant i_D dans la diode. Les expressions des courants moyen et efficace dans les semi-conducteurs se déduisent de ces formes d'ondes. Les valeurs moyennes des courants dans le transistor, dans la diode et dans l'inductance sont respectivement notées I_T, I_D, et I_L. Les valeurs efficaces sont respectivement notées $i_{T\,RMS}$, $i_{D\,RMS}$ et $i_{L\,RMS}$.

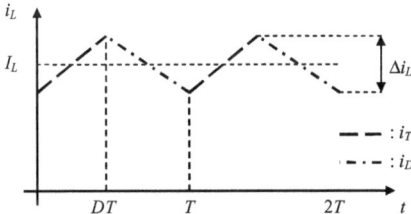

Figure 4.4. Formes d'onde en régime permanent : courant i_L dans l'inductance, i_T dans le transistor et i_D dans la diode durant deux cycles successifs

Les pertes par conduction ont lieu dans le transistor durant t_{ON} et dans la diode durant t_{OFF}. Les expressions des courants moyens et efficaces (4.7) à (4.10) sont valables quelle que soit l'ondulation du courant dans l'inductance. Elles permettent de déterminer les expressions (4.11) et (4.12) des pertes par conduction en utilisant (4.1) et (4.2). L'expression (4.13) des pertes globales par conduction s'en déduit. Cette dernière expression des pertes globales fait intervenir la valeur efficace $i_{L\,RMS}$ du courant dans l'inductance, laquelle est forcément supérieure à la valeur moyenne I_L à cause de l'ondulation de ce courant. Or le dimensionnement du convertisseur peut mener à des ondulations quelconques. Afin de simplifier l'utilisation de nos modèles en limitant le nombre de paramètres au strict minimum, nous proposons l'expression (4.14), laquelle correspond à un majorant des pertes globales dans le cadre de la conduction continue : l'ondulation crête à crête du courant dans l'inductance est supposée être le double de la valeur moyenne (cela correspond à la limite entre conduction continue et conduction discontinue). Un minorant peut être obtenu en remplaçant le coefficient 4/3 de l'expression (4.14) par 1 (cela correspond à une ondulation crête à crête du courant qui serait nulle dans l'inductance).

$$D = \frac{t_{ON}}{T}$$

$$T = t_{ON} + t_{OFF}$$

$$I_T = D \cdot I_L \tag{4.7}$$

$$i_{T,RMS} = \sqrt{D} \cdot i_{L,RMS} \tag{4.8}$$

$$I_D = (1-D) \cdot I_L \tag{4.9}$$

$$i_{D,RMS} = \sqrt{1-D} \cdot i_{L,RMS} \tag{4.10}$$

$$p_T = D \cdot \left(V_T \cdot I_L + r_T \cdot i_{L,RMS}^2 \right) \tag{4.11}$$

$$p_D = (1-D) \cdot \left(V_D \cdot I_L + r_D \cdot i_{L,RMS}^2 \right) \tag{4.12}$$

$$p_{dc/dc} = (D \cdot V_T + (1-D) \cdot V_D) \cdot I_L + (D \cdot r_T + (1-D) \cdot r_D) \cdot i_{L,RMS}^2 \tag{4.13}$$

$$p_{dc/dc} = (D \cdot V_T + (1-D) \cdot V_D) \cdot I_L + \frac{4}{3}(D \cdot r_T + (1-D) \cdot r_D) \cdot I_L^2 \tag{4.14}$$

4.2.1.5 Pertes par Conduction dans l'Onduleur

L'onduleur destiné au système de génération hybride renouvelable peut être un pont triphasé, lequel permet de régler à volonté l'amplitude et la fréquence de la tension délivrée (Figure 4.5). Afin que les filtres d'entrée et de sortie (non représentés sur la figure) soient relativement compacts et moins coûteux, la commande par modulation de largeur d'impulsion (MLI ou PWM) est supposée être mise en œuvre. La profondeur de modulation est notée *M*.

En appelant *D* le rapport cyclique imposé au transistor supérieur d'un bras de pont, celui-ci évolue au cours du temps et dépend de la profondeur *M* de modulation par la relation suivante :

$$D(t) = \frac{1}{2} + \frac{M}{2} \cdot \sin(2\pi f t) \tag{4.15}$$

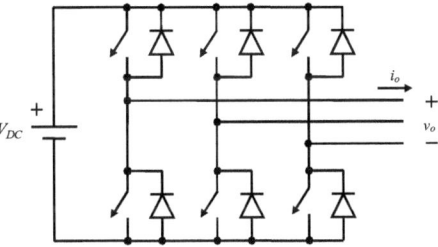

Figure 4.5. Circuit de puissance de l'onduleur triphasé

Dans cette expression, f correspond à la fréquence souhaitée au niveau de la charge. Cette fréquence est supposée largement inférieure à la fréquence de découpage. Une telle commande mène à une « évolution moyenne » d'allure sinusoïdale de la tension au point milieu du bras (par rapport à la borne – de la source d'alimentation continue) :

$$v = V_{DC} \cdot D$$

Seule la composante alternative est utile à la charge de l'onduleur (4.16) :

$$v_{ac}(t) = V_{DC} \cdot \frac{M}{2} \cdot \sin(2\pi f t) \qquad (4.16)$$

Il en résulte une « évolution moyenne » du courant, en sortie du bras, déphasée par rapport à la tension d'un angle φ à cause de la charge :

$$i(t) = I_m \cdot \sin(2\pi f t - \varphi) \qquad (4.17)$$

Le transistor supérieur du bras considéré est conducteur périodiquement (à la fréquence de découpage) avec un rapport cyclique D variable, uniquement lorsque le courant i est positif, c'est-à-dire pour $2\pi \cdot f \cdot t$ compris entre φ et $\varphi + \pi$. La diode inférieure du même bras est conductrice avec un rapport cyclique $1 - D$, uniquement lorsque le courant i est négatif. Par intégration entre les bornes φ et $\varphi + \pi$ pour le transistor supérieur, entre les bornes $\varphi + \pi$ et $\varphi + 2\pi$ pour la diode inférieure, il est possible de déterminer les expressions analytiques des valeurs moyennes et efficaces des courants dans chacun des composants et, par suite, les expressions (4.18) et (4.19) des pertes par conduction. Ces équations sont aussi proposées par Bierhoff et Fuchs (2004).

Tous les transistors étant identiques et chacun étant soumis à la même forme de courant que les autres, de même en ce qui concerne les diodes, les pertes globales dans l'onduleur peuvent s'exprimer simplement (six fois les pertes dans un transistor et une diode) par la relation (4.20).

$$p_T = \frac{V_T I_m}{2\pi}\left(1 + \frac{\pi}{4}M\cos\varphi\right) + \frac{r_T I_m^2}{2\pi}\left(\frac{\pi}{4} + \frac{2M}{3}\cos\varphi\right) \qquad (4.18)$$

$$p_D = \frac{V_D I_m}{2\pi}\left(1 - \frac{\pi}{4}M\cos\varphi\right) + \frac{r_D I_m^2}{2\pi}\left(\frac{\pi}{4} - \frac{2M}{3}\cos\varphi\right) \qquad (4.19)$$

$$p_{dc/ac} = 6(p_T + p_D) \qquad (4.20)$$

4.2.2 Pertes par Commutation

Les pertes par commutation (*switching losses*) se produisent pendant que les semi-conducteurs de puissance passent de l'état de conduction (ON) à celui de blocage (OFF) et inversement. Diverses techniques de « commutation douce » permettent de réduire considérablement les pertes par commutation, même à fréquence élevée, mais sont relativement peu exploitées pour des raisons essentiellement économiques. Elles se retrouvent plutôt dans des applications « embarquées » car elles permettent un fonctionnement à fréquence très élevée favorable à la réduction des poids et encombrements. Nous retiendrons la « commutation dure », rustique mais classique.

Les pertes par commutation sont toujours proportionnelles à la fréquence de découpage. Or la fréquence de découpage d'un convertisseur doit être choisie suffisamment élevée pour que les composants passifs soient moins coûteux et moins volumineux : d'où l'utilisation d'une commande par modulation de largeur d'impulsion. Le choix de la fréquence de découpage résulte donc d'un compromis entre les pertes par commutation et l'encombrement du convertisseur.

Sachant que ce compromis mène toujours à des pertes par commutation non négligeables par rapport aux pertes par conduction, nous avons recherché les expressions analytiques de ces pertes dans le hacheur et dans l'onduleur.

4.2.2.1 Pertes par Commutation dans le Hacheur

Avant tout, il faut préciser la technologie : compte tenu de la tension visée, de l'ordre de quelques dizaines de volts, le choix du transistor doit se porter sur un MOSFET (le plus rapide) et la diode de roue libre doit être de type Schottky (pas de recouvrement inverse et tension de seuil minimale). Dans ces conditions, la diode peut être considérée comme idéale pendant les commutations. Les pertes sont ainsi minimisées dans le transistor et ne dépendent que des temps de commutation t_r et t_f de celui-ci. La relation classique (4.21) fait intervenir une seule composante du courant dans l'inductance, sa valeur moyenne I_L, ce qui suppose que l'ondulation soit relativement faible ou que les temps t_r et t_f soient du même ordre de grandeur (ce qui est le cas pour des MOSFET). Cette relation néglige également les temps de montée et de descente de la tension aux bornes des transistors (t_r et t_f ne sont relatifs qu'au courant et cette approximation se justifie assez bien expérimentalement). V_m représente la tension maximale commutée ; I_L est le courant moyen dans l'inductance ; f_S est la fréquence de découpage.

$$p_{sw} = \frac{1}{2} V_m I_L f_s \left(t_r + t_f \right) \quad (4.21)$$

4.2.2.1 Pertes par Commutation dans l'Onduleur

Compte tenu de l'application, les niveaux de tension sont bien supérieurs à ceux du cas précédent : il faut que la tension continue appliquée en entrée de l'onduleur triphasé soit au moins égale à 660 V pour que la tension efficace entre phases puisse être de 400 V. Des IGBT s'imposent donc ainsi que des diodes rapides à jonction PN. Les transistors sont donc relativement lents et le recouvrement inverse des diodes doit être pris en compte. La bibliographie fait état de différents travaux visant à modéliser les pertes par commutation dans un onduleur à IGBT. Nous avons utilisé l'article de Casanellas (1994) qui est une approche analytique simple basée sur l'expérimentation. Cette approche suppose que le courant soit sinusoïdal en sortie de l'onduleur et ne prend en considération que les paramètres essentiels : la tension continue maximale V_m, le courant AC maximal I_m, le courant AC nominal I_N, la fréquence de commutation f_S, les temps de montée et de descente t_{rN} et t_{fN} relatifs aux transistors (dans les conditions nominales). Pour les diodes, il est également nécessaire de connaître les valeurs nominales du temps de recouvrement inverse t_{rrN} et de la charge recouvrée Q_{rrN}. Les pertes dues à la mise en conduction sont notées $P_{c\ ON}$; les pertes relatives au blocage sont notées $P_{c\ OFF}$; les pertes liées au recouvrement inverse sont notées P_{rr}. Les pertes par commutation globales dans l'onduleur correspondent à la somme de ces trois dernières puissances.

$$p_{c,on} = \frac{1}{8} V_m \frac{I_m^2}{I_N} t_{rN} f_s \qquad (4.22)$$

$$p_{c,off} = V_m I_m t_{fN} f_s \left(\frac{1}{3\pi} + \frac{1}{24} \frac{I_m}{I_N} \right) \qquad (4.23)$$

$$p_{rr} = V_m f_s \left[\left(\frac{0.8}{\pi} + 0.05 \frac{I_m}{I_N} \right) \cdot I_m t_{rrN} + \left(0.28 + \frac{0.38}{\pi} \frac{I_m}{I_N} + 0.015 \left(\frac{I_m}{I_N} \right)^2 \right) \cdot Q_{rrN} \right] \qquad (4.24)$$

4.3 Résultats

Nous allons maintenant présenter la validation des équations établies précédemment en les utilisant pour évaluer les caractéristiques de différents convertisseurs puis en simulant le fonctionnement de ces derniers à l'aide de MATLAB à fin de comparaison. Les valeurs caractéristiques des diodes et des transistors sont obtenues à partir de la documentation des constructeurs.

4.3.1 Pertes dans le Redresseur

Le redresseur est composé de six diodes connectées en pont triphasé. Le calcul des pertes et du rendement est détaillé dans ce qui suit pour deux cas de diodes de puissance (*Standard Recovery (rectifier) Diode*) : la diode 6F(R) et la diode 10ETS08 du fabricant INTERNATIONAL RECTIFIER (IR). Les paramètres les plus importants sont résumés dans le tableau 4.1.

Pour ce cas étudié ici, l'équation utilisée est la (4.5), pour estimer uniquement les pertes par conduction dans le redresseur, car sur la plage des fréquences de fonctionnement et de puissances utilisées, les autres pertes restent négligeables par rapport à celles-ci. La tension de sortie est fixée à 50 V ; le courant du redresseur prend des valeurs sur toute sa plage de variation. Le courant alternatif maximal est de 13 A car pour ce niveau de courant nominal, le courant direct maximal est atteint dans les diodes. Les figures 4.6 et 4.7 montrent les résultats de simulation, pour chaque cas.

Comme attendu, les pertes pour les deux cas évoluent de manière quadratique en fonction de l'intensité des courants. Les pertes commencent à une valeur nulle, puis commencent à monter de façon quadratique, jusqu'à une valeur maximale obtenue à courant nominal.

Tableau 4.1. Principaux paramètres des diodes du redresseur

Paramètre	Diode Standard	
	6F(R)	10ETS08
Resistance en conduction (r_D)	15.7 mΩ	20 mΩ
Tension seuil (V_D)	0.86 V	0.82 V
Courant moyen maximal (I_{FSM})	6 A	10 A
Tension de blocage maximale (V_{RRM})	800 V	800 V

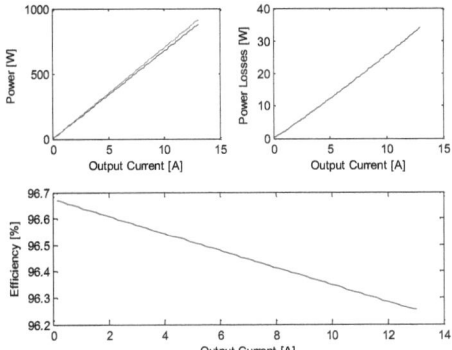

Figure 4.6. Evaluation des pertes du redresseur en fonction du courant, puissance d'entrée, de sortie et rendement. Diode 6F(R)

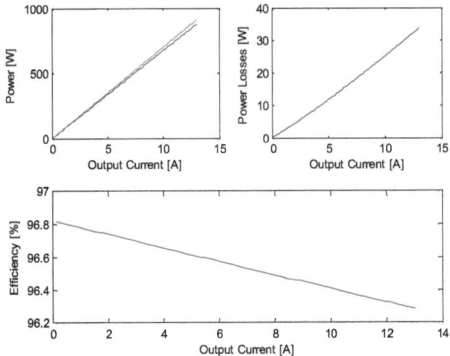

Figure 4.7. Evaluation des pertes du redresseur en fonction du courant, puissance d'entrée, de sortie et rendement. Diode 10ETS08.

Pour la courbe de rendement, on observe, dans les deux cas, une allure rectiligne de pente négative. Ceci peut s'expliquer simplement de la façon suivante :

$$\eta = \frac{P_o}{P_i} = \frac{Pi - p_{losses}}{P_i} = 1 - \frac{p_{losses}}{k \cdot V \cdot i} \approx 1 - \frac{Ri^2}{k \cdot V \cdot i} = 1 - \frac{R}{k \cdot V} i$$

Donc, comme R, k et V sont fixes, une droite de pente négative est obtenue quand i augmente.

En gardant la même hypothèse sur la nature des pertes, il est possible de connaître le rendement des convertisseurs pour différents composants et de les comparer, comme il est proposé dans la figure 4.8.

Pour le cas des diodes 10ETS08 on voit que le rendement du convertisseur est plus élevé que celui utilisant les diodes 6F(R) car les premières sont conçues pour des courants plus forts (10 A contre 6 A). Néanmoins, au fur et à mesure que la charge augmente, la différence entre les deux rendements est moins importante. Ceci est lié à l'augmentation de la composante des pertes quadratiques des diodes qui permet aux diodes 6F(R) (r_D = 15.7 mΩ et V_D = 0.86 V) de présenter des pertes totales semblables à celles des diodes 10ETS08 (r_D = 20 mΩ et V_D = 0.82 V).

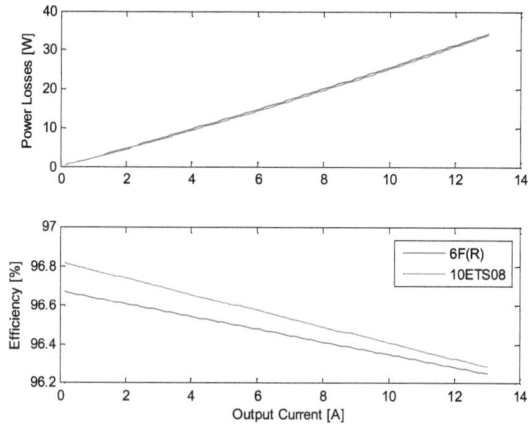

Figure 4.8. Comparaison des pertes et des rendements des deux cas étudiés

4.3.2 Pertes du Hacheur

Le hacheur est un convertisseur électronique de puissance qui modifie le niveau d'une tension continue pour créer un autre niveau de tension continue (convertisseur DC). Les applications pouvant aller de l'asservissement de machines à la régulation de tension DC, ou pour charger une batterie. Il est composé d'au moins un transistor et une diode de puissance et peut être commandé par MLI. Ceci signifie qu'il existe des pertes tant lors de la circulation du courant dans les semi-conducteurs que pendant les transitions entre les états de blocage et d'amorçage des dispositifs.

La puissance, tension et courant transférés (600 W, 50 V, 12 A) par les convertisseurs DC/DC utilisés pour cet exemple sont assez faibles, ce qui permet d'utiliser la technologie MOS pour le transistor, et Schottky pour la diode. Les paramètres utilisés pour le calcul des pertes par conduction des semi-conducteurs sont résumés dans le tableau 4.2.

4.3.2.1 Evaluation des Equations de Pertes de Conduction dans une Paire Transistor/Diode

La première analyse réalisée fut la vérification des équations de pertes par conduction d'une paire transistor-diode utilisée dans un circuit de puissance. Cette simple analyse fut réalisée pour la paire constituée du transistor MOSFET IRL3615 avec la diode Schottky 12CWQ10FN, en fonction du rapport cyclique, pour un courant de sortie constant. La figure 4.9 montre les pertes de conduction du transistor, de la diode et pour l'ensemble des deux.

Tableau 4.2. Principaux paramètres du transistor et de la diode du hacheur

Paramètre	MOSFET IRLI3615	Diode Schottky 12CWQ10FN
Resistance en conduction (r_D)	85 mΩ	20.7 mΩ
Tension seuil (V_D)	0 V	0.65 V
Courant moyen maximal (I_{FSM})	14 A	12 A
Tension de blocage maximale (V_{RRM})	150 V	100 V

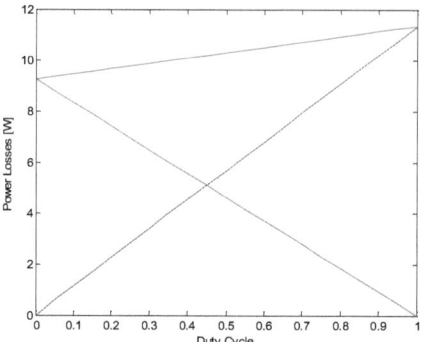

Figure 4.9. Evaluation des pertes d'une paire transistor-diode en fonction du rapport cyclique pour une application à courant fixe ; pertes du transistor IRL3615 (ligne en tirets), pertes de la diode 12CWQ10FN (ligne pointillée) et des deux semi-conducteurs.

Les pertes dans le transistor montent à partir d'une valeur nulle à $D = 0$ de façon presque linéaire jusqu'à sa valeur maximale lorsque $D = 1$. Par ailleurs, à l'inverse, les pertes pour la diode partent de leur valeur maximale à $D = 0$ pour s'annuler quand $D = 1$. Entre $D = 0.4$ et $D = 0.5$, les pertes par conduction pour les deux semi-conducteurs s'égalisent.

Les pertes par conduction dans le transistor s'élèvent de façon plus importante que la réduction des pertes dans la diode quand le rapport cyclique augmente. Ainsi, les pertes par conduction totales partent de leur valeur minimale (égale aux pertes maximales de la diode) pour $D = 0$, jusqu'à la valeur maximale des pertes du transistor à $D = 1$.

4.3.2.2 Comparaison : un Convertisseur Buck-Boost et une Combinaison Cascade des Convertisseurs Boost et Buck

Une autre façon d'évaluer l'équation (4.14) est de comparer les pertes dans les semi-conducteurs de deux convertisseurs électroniques de puissance. Dans ce cas deux convertisseurs abaisseur-élévateurs DC/DC sont comparés. Il s'agit de la structure buck-boost classique et d'un convertisseur cascade qui utilise un convertisseur élévateur (Boost) à l'entrée et un convertisseur abaisseur (Buck) à la sortie.

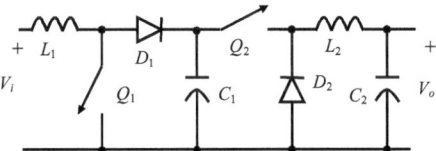

Figure 4.10. Circuit de puissance du convertisseur cascade Boost + Buck

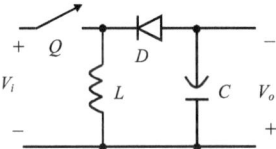

Figure 4.11. Circuit de puissance du convertisseur Buck-Boost

Les figures 4.10 et 4.11 montrent les circuits de puissance des deux convertisseurs analysés. L'analyse fut réalisée par rapport à la variation de la tension d'entrée, supposant une commande qui maintient fixe la puissance de sortie des convertisseurs.

Le circuit cascade Boost+Buck est constitué de deux paires transistor-diode dont le fonctionnement est strictement complémentaire ; c'est-à-dire, si une élévation de tension de sortie par rapport à l'entrée est nécessaire, le convertisseur Boost réalise seul l'élévation tandis que le Buck maintient son transistor fermé sans aucune modulation. Si l'inverse est nécessaire, le transistor du Boost reste toujours ouvert et c'est le convertisseur Buck qui réalise la réduction de tension. Ninomiya et. al. (1995) font une analyse de stabilité de cette structure pour une application de correcteur de facteur de puissance avec régulation de la tension de sortie.

Ce fonctionnement complémentaire entraîne que le transistor du Buck reste fermé lors de l'élévation de la tension pour permettre au courant du Boost d'arriver au filtre de sortie, ou que la diode du Boost reste en conduction pour permettre la réduction de tension du Buck et le passage du courant. Ceci a pour conséquence que les pertes dans ces semi-conducteurs doivent s'ajouter aux pertes des convertisseurs lors des modes correspondants.

Les pertes par conduction des deux convertisseurs sont estimées avec l'équation (4.14). Pour évaluer les pertes par commutation des circuits avec l'équation (4.21), les valeurs des paramètres utilisés sont : fréquence de commutation f_s = 100 kHz, temps d'amorçage du transistor t_r = 30 ns et temps d'extinction du transistor t_f = 53 ns. Les valeurs des temps de changement d'état pour la diode Schottky sont négligeables par rapport à ceux du transistor.

La figure 4.12 résume toutes les pertes des semi-conducteurs en fonction de la tension d'entrée des convertisseurs. Les pertes sont montrées par convertisseur. Les deux premières fenêtres résument les pertes du convertisseur cascade (Boost+Buck) et la troisième fenêtre montre les pertes du convertisseur Buck-Boost. Les pertes par conduction des transistors sont tracées en ligne en tirets bleu, les pertes par conduction des diodes sont en ligne pointillée verte, la somme de ces pertes (addition des pertes transistor et diode) sont en x rouges, les pertes par commutation sont en ligne bleu clair en tirets et pointillée, et les pertes totales des semi-conducteurs (addition des antérieures) sont en ligne magenta.

Avec le convertisseur cascade, on peut constater que pour les valeurs de la tension d'entrée plus faibles que celles de la tension de sortie (tension de batterie à 50 V), les pertes constantes (croix de la première fenêtre) correspondent à la fermeture du transistor dans le convertisseur abaisseur (Buck) et au courant à travers celui-ci, lequel est toujours égal au courant de sortie ciblé qui lui aussi est constant. Les pertes dans le convertisseur élévateur (Boost) et pour le convertisseur Buck-Boost sont élevées à basse tension et diminuent à mesure que la tension d'entrée augmente. Ceci s'explique par la diminution de la valeur du courant requis. En raison de l'application à puissance constante, le courant d'entrée diminue quand la tension augmente et donc les pertes dans l'étage d'entrée s'affaiblissent aussi.

Quand la tension d'entrée dépasse la valeur de la tension de sortie, l'étage Boost du convertisseur cascade est hors de fonctionnement (le transistor est ouvert et la diode laisse passer tout le courant requis par le convertisseur Buck). Les pertes diminuent dans le convertisseur élévateur (croix de la deuxième fenêtre) car le courant d'entrée se réduit à mesure que la tension d'entrée monte. De même, les pertes dans le Buck et ou dans le convertisseur Buck-Boost diminuent selon la réduction du courant d'entrée.

Les figures 4.13 et 4.14 indiquent l'évolution des pertes respectivement par conduction et par commutation pour les deux convertisseurs. La figure 4.15 montre dans la fenêtre du haut les pertes totales des semi-conducteurs dans les convertisseurs et dans la fenêtre du bas, le rendement des convertisseurs en considérant uniquement les pertes dans les semi-conducteurs.

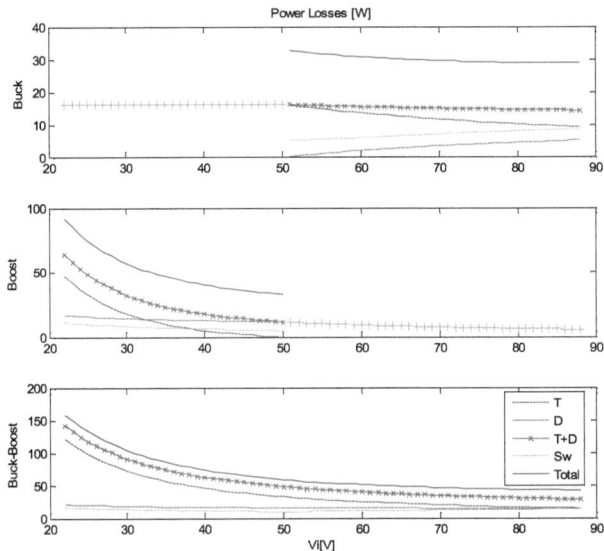

Figure 4.12. Pertes dans les convertisseurs en fonction de la tension d'entrée.

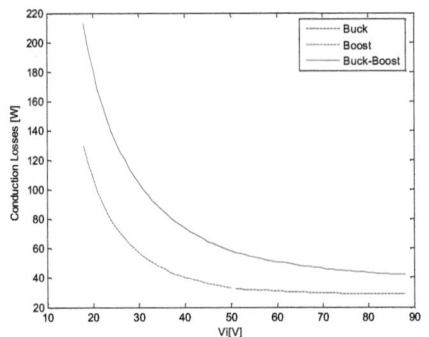

Figure 4.13. Pertes par conduction dans les semi-conducteurs des convertisseurs en fonction de la tension d'entrée.

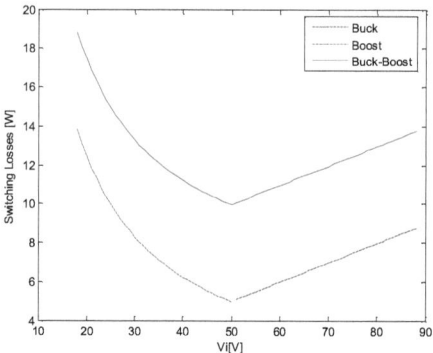

Figure 4.14. Pertes par commutation dans les semi-conducteurs des convertisseurs.

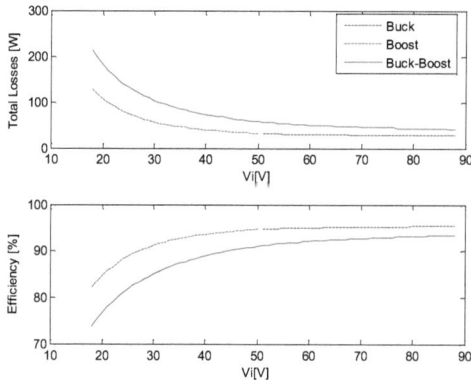

Figure 4.15. Pertes totales dans les semi-conducteurs et rendement des convertisseurs en négligeant les autres pertes.

On peut remarquer que les pertes par conduction comme les pertes par commutation dans le convertisseur cascade sont moins importantes que celles du convertisseur Buck-Boost pour toutes les valeurs de la tension d'entrée. Ceci s'explique principalement par le fait que les semi-conducteurs du convertisseur Buck-Boost doivent supporter l'addition de la tension d'entrée et de sortie ($V_{Tmax} = V_{Dmax} = V_i + V_o$) pour chacun des états de conduction. De plus, un courant plus élevé traverse chaque semi-conducteur pour un même courant de sortie ou d'entrée. Pour le convertisseur Buck-Boost : $I_T = I_i$ et $I_D = I_o$, alors que pour le Boost (à l'entrée) $I_T = D \cdot I_i$ et pour le Buck (à la sortie) $I_D = (1-D) \cdot I_o$; ainsi, seule une fraction des courants traverse les semi-conducteurs pour le convertisseur cascade.

De plus, pour des MOSFET, la résistance $R_{DS\,ON}$ suit une relation non-linéaire (Buttay, 2004) avec la tension de blocage à tenir par les transistors. Sa valeur tend à augmenter avec la tension de blocage (effet non considéré dans cette analyse) ; l'effet d'augmentation des pertes pour des valeurs identiques de courants s'accentue donc pour le cas du convertisseur Buck-Boost.

En raison des pertes plus élevées du convertisseur Buck-Boost, le rendement est nettement plus bas que celui du convertisseur cascade Boost + Buck proposé. Cette différence se réduit avec les valeurs les plus hautes de la tension d'entrée en raison de la diminution du courant. A mesure que la tension d'entrée augmente, les pertes sont moins importantes, donc le rendement s'améliore pour les deux cas. Il tend vers des valeurs asymptotiques de 94% pour le Buck-Boost et de 96% pour le convertisseur cascade.

4.3.3 Pertes de l'Onduleur

Pour appliquer les équations (4.18) - (4.20), nous choisissons un onduleur triphasé pont complet source de tension. Les semi-conducteurs utilisés sont le CoolMOS Power Transistor SPP11N80C3 avec diode en antiparallèle interne (800V, 11 A). L'objectif est alors d'obtenir une puissance de 5 kW, sous une tension AC fixe de 220 V, 50 Hz. La charge est supposée linéaire et avec une composante inductive (cosφ de 0.75). La fréquence de découpage utilisée pour les commutations est de 15 kHz. Les résultats sont résumés ci-après, ils ont été obtenus en fonction de la puissance demandée au convertisseur. Dans le tableau 4.3 se trouvent les paramètres utilisés pour utiliser les équations des pertes dans les semi-conducteurs de l'onduleur.

Des résultats de la figure 4.16, on peut observer la forme quadratique des pertes par conduction en fonction de la puissance. Ceci s'explique par la tension AC fixe à la sortie de l'onduleur. Avec l'augmentation de la puissance demandée, le courant augmente proportionnellement, les pertes évoluent principalement selon le carré de la valeur du courant débité par l'onduleur. La partie plus importante de ces pertes vient de la forte valeur du $R_{DS\,ON}$ des MOS.

Les pertes par commutation sont reportées dans la fenêtre du bas de la figure 4.16. Elles partent d'une valeur initiale avec les pertes à vide et puis montent de façon linéaire avec la puissance. Il est intéressant de constater que presque la totalité de ces pertes provient des pertes par recouvrement de la diode interne du MOS.

Tableau 4.3. Principaux paramètres de l'interrupteur MOSFET–diode de l'onduleur

Paramètre	MOSFET SPP11N80C3	Diode (interne)
Conditions de conduction		
Resistance en conduction (r_D)	0.45 Ω	40 mΩ
Tension seuil (V_D)	0 V	0.8 V
Courant moyen maximal (I_D)	11 A	11 A
Tension de blocage maximale (V_{DS})	800 V	800 V
Conditions de commutation		
Temps d'Amorçage du transistor (t_{rN})	15 ns	
Temps d'Extinction du transistor (t_{fN})	7 ns	
Temps de Recouvrement (t_{rrN})		550 ns
Charge de Recouvrement (Q_{rrN})		10 µC
Courant Maximal de Recouvrement (I_{rrm})		33 A

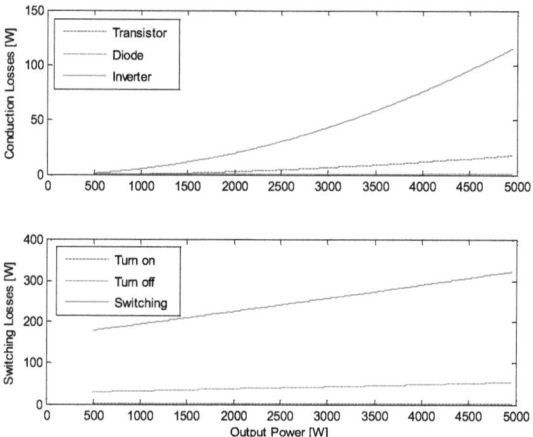

Figure 4.16. Evaluation des pertes de conduction et des pertes de commutation pour l'onduleur triphasé composé de 6 MOSFET SPP11N80C3, en fonction de la puissance délivrée à la charge.

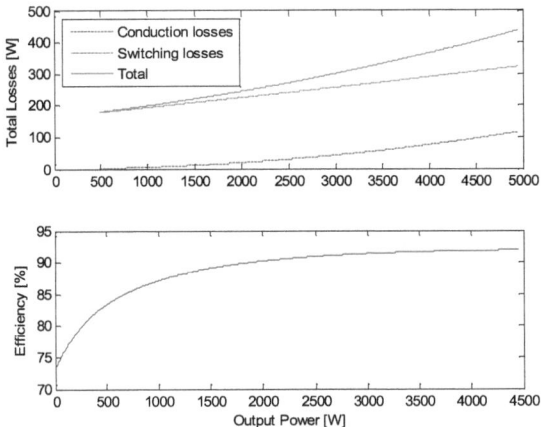

Figure 4.17. Valeurs totales des pertes dans les semi-conducteurs et rendement de l'onduleur triphasé à MOSFET SPP11N80C3 en fonction de la charge délivrée.

Les pertes dans les semi-conducteurs de l'onduleur sont présentées dans la première fenêtre de la figure 4.17. Ici, les pertes par commutation sont plus importantes que celles par conduction. Le rendement en fonction de la puissance est montré dans la deuxième fenêtre de la figure. Cette forme exponentielle s'explique par la valeur élevée des pertes par commutation à des valeurs de courant faibles (pertes à vide importantes à faible puissance). Elles augmentent dans une proportion moins importante avec l'élévation de la puissance, ce qui améliore le rendement du convertisseur.

Une comparaison avec une structure à IGBT a été réalisée. Toutes les conditions de fonctionnement sont les mêmes que pour le cas précédemment étudié. Le transistor choisi est le Fast IGBT SKW15N120 (1200 V, 15A), qui a aussi une diode en antiparallèle interne. Le tableau 4.4 résume les paramètres utilisés pour l'évaluation des pertes dans l'onduleur. Les résultats sont montrés dans les figures 4.18 et 4.19. Pour les comparaisons, les résultats des pertes par conduction, par commutation et totales des semi-conducteurs pour le cas avec le MOS sont reportées en ligne noire en tirets et pointillée.

Au niveau des pertes par conduction, on peut observer que ces pertes sont à nouveau très dépendantes des paramètres du transistor, mais comme la résistance équivalente de l'IGBT a une valeur plus petite, l'évolution quadratique des pertes est moins prononcée que pour le cas précédent.

L'effet de la tension de seuil de l'IGBT est très sensible avec les faibles valeurs de la puissance, les pertes par conduction sont alors supérieures à celle de l'onduleur à MOSFET. Au delà de 2500 W, l'effet de la résistance du MOS fait que ces pertes sont supérieures à celles de l'onduleur à IGBT.

Tableau 4.4. Principaux paramètres de l'interrupteur IGBT–diode de l'onduleur

Paramètre	IGBT SKW15N120	Diode (interne)
Conditions de conduction		
Resistance en conduction (r_D)	75 mΩ	40 mΩ
Tension seuil (V_D)	2.0 V	0.8 V
Courant moyen maximal (I_C, I_F)	15 A	11 A
Tension de blocage maximale (V_{CE})	1200 V	800 V
Conditions de commutation		
Temps d'Amorçage du transistor (t_{rN})	30 ns	
Temps d'Extinction du transistor (t_{fN})	31 ns	
Temps de Recouvrement (t_{rrN})		200 ns
Charge de Recouvrement (Q_{rrN})		2 µC
Courant Maximal de Recouvrement (I_{rrm})		23 A

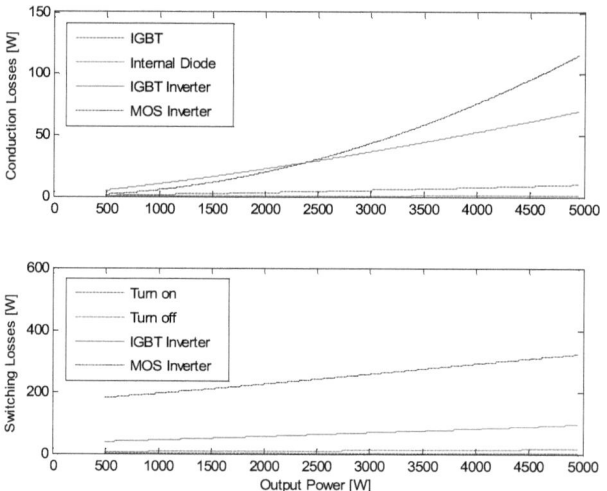

Figure 4.18. Evaluation des pertes de conduction et des pertes de commutation pour l'onduleur triphasé composé de 6 IGBT SKW15N120, en fonction de la puissance délivrée à la charge. Comparaison avec l'onduleur à MOSFET antérieur.

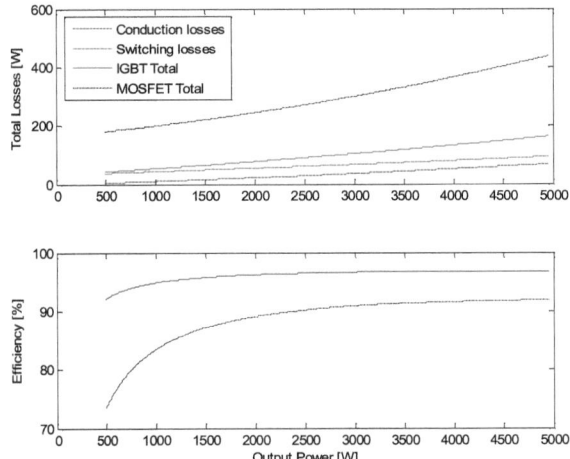

Figure 4.19. Valeurs totales des pertes dans les semi-conducteurs de l'onduleur triphasé et son rendement en fonction de la charge délivrée. Comparaison avec l'onduleur à MOSFET.

Pour les pertes par commutation, dans la figure 4.18, ces pertes viennent aussi presque uniquement du recouvrement de la diode en antiparallèle. Cependant, comme cette diode a des paramètres de recouvrement plus favorables que celles du MOS précédent, les pertes par commutation sont beaucoup moins importantes pour l'onduleur à IGBT.

Pour le cas de l'onduleur à IGBT, il est aussi observable que, en général, les pertes par commutation (ligne verte pointillée de la figure 4.19) sont supérieures à celles par conduction (ligne bleue en tirets). Ainsi, avec des pertes par commutation beaucoup moins importantes et des pertes par conduction inférieures au dessus de 50% de la charge totale, les pertes totales des semi-conducteurs dans l'onduleur à IGBT sont considérablement inférieures à celle du cas de l'onduleur à MOSFET pour les conditions choisies. La courbe de rendement montre donc des valeurs supérieures avec l'onduleur à IGBT dans tout le rang de puissance de l'onduleur.

4.4 Application : Evaluation des Pertes d'un Système Hybride

Les équations obtenues sont utiles aussi pour vérifier les pertes dans un système plus complexe, comme pour un système hybride, où plusieurs sources de puissance peuvent s'assembler pour fournir de l'électricité. Dans la suite, les équations sont utilisées pour évaluer les pertes et l'énergie non fournie d'un système hybride. Les résultats sont comparés à une approche à rendement constant.

4.4.1 Description du Système

Les sources d'énergie (l'éolienne, les panneaux PV et le DG) sont tous raccordées au bus DC du système ; le générateur Diesel (DG) et l'éolienne utilisent un simple pont à diodes et les panneaux PV sont associés à un convertisseur DC/DC muni de la fonction de MPPT (Maximum Power Point Tracker). La batterie a la fonction de stocker le surplus d'énergie et d'être un appui énergétique lorsque les conditions de production sont faibles. Un onduleur transfère à partir du DC Bus, la puissance sollicitée par la charge. Le schéma du système est montré dans la figure 4.20.

Il y a deux transformateurs de puissance dans le système. Le premier est un abaisseur de tension qui relie le DG à son redresseur. L'autre se connecte à la sortie du coté alternatif (AC) de faible tension de l'onduleur et fait remonter cette tension pour atteindre la valeur nominale de fonctionnement de la charge. Comme ces transformateurs fonctionnent à une tension relativement faible et de faible fréquence, les pertes de puissance dans le fer du noyau magnétique sont négligées. Comme les pertes dans le cuivre sont seules considérées, les transformateurs sont modélisés comme de simples impédances *RL* en série.

La charge est sous une tension AC nominale de 220 V / 50 Hz, et il en est de même pour le DG. Les interrupteurs commandés des convertisseurs électroniques sont des MOSFET. La fréquence de commutation utilisée pour le fonctionnement des convertisseurs PMW est de 20 kHz ; ainsi, le bruit audible est annulé, avec des niveaux minimaux de pertes de commutation et d'émissions électromagnétiques. Pour des raisons de sécurité, la tension de batterie qui est aussi la tension du bus continu (DC), est maintenue à 48 V. Pour éviter les effets nuisibles des harmoniques dans la charge, un filtre passif est connecté à la sortie de l'onduleur. Ce filtre est considéré comme idéal, donc libre de pertes.

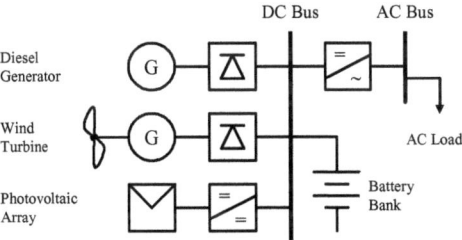

Figure 4.20. Système de génération hybride renouvelable avec bus DC.

4.4.2 Procédure de Dimensionnement des Unités

La méthode pour faire un choix économique de chaque unité de production est basée sur la minimisation du coût total du système. Ceci implique une analyse économique sur toute la vie utile du projet. Une procédure supplémentaire pour dimensionner la batterie et le DG est utilisée.

Pour évaluer la qualité de la conception, un logiciel de simulation est spécialement développé. Pour calculer le flux horaire d'énergie, les modèles mathématiques pour l'éolienne et les panneaux solaires sont utilisés. Les données de vitesse du vent et d'irradiation solaire sont nécessaires pour calculer l'énergie totale produite par les moyens renouvelables (éolienne et panneaux PV). Leur fonction de distribution de probabilité (PDF) caractérise le comportement de ces variables.

Un pas important de la procédure de dimensionnement est le calcul de l'énergie non fournie (ENS). Dans cette étape, une estimation correcte des pertes énergétiques du système est un point clé.

Plus de détail sur la méthode de dimensionnement des unités se trouve dans (Morales et Vannier, 2004).

4.4.3 Evaluation des Pertes du Système Hybride

L'approche proposée pour le calcul des pertes énergétiques est testée avec un système de génération hybride déjà dimensionné. La méthodologie est comparée sur une base horaire avec une approche à rendement constant par utilisation d'un logiciel de simulation spécialement développé.

L'irradiation solaire moyenne journalière sur une surface horizontale à l'emplacement choisi pour le système de génération est de 4.61 kWh/m² et le vent moyen est de 6.1 m/s. Le profil de charge horaire est montré dans la figure 4.21.

Les principaux paramètres du système sont résumés dans les tableaux 4.5 et 4.6.

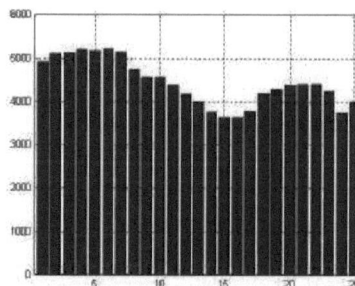

Figure 4.21. Profil de charge heure par heure pour une journée typique

Tableau 4.5. Résumé des Paramètres des Moyens de Production du Système de Génération Hybride Renouvelable

Source	Valeurs
Générateur Diesel	
Tension nominale	220 V
Puissance nominale	5000 W
Turbine Eolienne	
Vitesse du vent nominale	14 m/s
Diamètre du rotor	3.7 m
Puissance nominale	3.0 kW
Vitesse de rotation nominale	150/750 tr/mn
Panneaux Photovoltaïques	
Quantité	18
Tension nominale	36 V
Courant nominal	5 A
Puissance maximale	3 kW

Tableau 4.6. Résumé des Paramètres du des Convertisseurs du Système de Génération Hybride Renouvelable

Convertisseur	Valeurs
Diodes des Redresseurs	
Tension nominale	800 V
Courant nominal	10 A
Tension seuil	1.1 V
Résistance de conduction	20 mΩ
MOSFET des Convertisseurs MLI (Hacheur et Onduleur)	
Tension nominale	150 V
Courant moyen	60 A
Tension seuil	0 V
Résistance de conduction	0.04 Ω
t_{rN}, t_{fN}	40 ns, 40 ns
t_{rrN}, Q_{rrN}	150 ns, 2.0 μC
Diode de Recouvrement Rapide des Convertisseurs MLI	
Tension nominale	200 V
Courant moyen	20 A
Tension seuil	1.3 V
Résistance de conduction	12.5 mΩ
Transformateurs	
Puissance nominale	6000 W
Résistance équivalente	0.05 Ω

La production énergétique du système de génération hybride renouvelable est montrée dans la figure 4.22 pour le cas à rendement constant et dans la figure 4.23 pour le cas à rendement variable proposé. La génération horaire de chaque source est montrée pour une journée typique. Le niveau de charge du groupe de batteries est également montré, comme le profil de charge et le bilan énergétique. De ce bilan, la valeur de l'énergie non fournie (ENS) est obtenue de l'intégration des valeurs négatives.

Pour l'approche à rendement constant, celui-ci a été supposé égal à 90%. Le système est simulé en premier pour ce cas. L'énergie fournie pour chaque source de génération et la demande énergétique sont montrées dans la figure 4.23. Le manque d'énergie par jour est de 13.8 kWh.

Les rendements inférieurs retrouvés avec la méthodologie développée font que le manque d'énergie journalière est de 34.5 kWh. Ceci implique une valeur pour l'ENS plus élevée de 40% que dans le cas à rendement constant.

Cette grande différence sur l'estimation de l'ENS s'explique par un rendement total inférieur aux 90% supposés dans la méthode à rendement constant ; de cette façon, l'énergie délivrée est inférieure à l'espéré et, donc, le manque d'énergie est supérieur. L'évaluation des pertes plus précise de la méthode proposée inclut des points de fonctionnement autres que le nominal, où le rendement est le plus souvent inférieur. La méthode inclut aussi la plupart des pertes dans tous les convertisseurs de puissance (transformateurs et dispositifs électroniques).

De l'analyse des résultats, il ressort que le calcul plus précis des pertes énergétiques dans les composants du système de puissance a un effet significatif sur la performance à long terme. Une estimation correcte des paramètres comme les pertes et l'énergie non fournie est importante au moment de faire le dimensionnement du système de génération renouvelable.

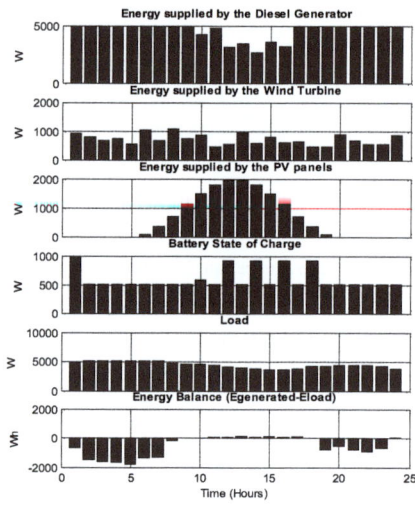

Figure 4.22. Bilan énergétique du système hybride renouvelable pour une journée typique à rendement constant des équipements. Production de chaque source, l'état de la batterie, le profil de charge et résultat du bilan.

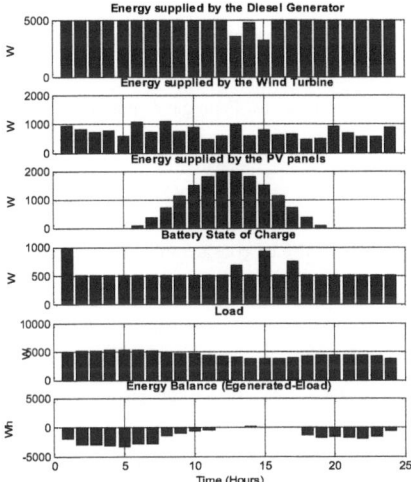

Figure 4.23. Bilan énergétique du système hybride renouvelable pendant une journée typique à rendement variable des équipements. Production de chaque source, l'état de la batterie, le profil de charge et résultat du bilan.

4.5 Conclusion

Une méthode analytique de calcul des pertes des semi-conducteurs de puissance a été proposée dans ce chapitre. A partir d'un modèle simple de semi-conducteur, des équations pour les pertes par conduction ont été développées. Les équations pour le calcul des pertes par commutation furent empruntées à la littérature.

Ces équations permettent d'évaluer les pertes par conduction pour différentes topologies de convertisseurs électroniques de puissance, ainsi que les pertes par commutation pour un convertisseur hacheur et un onduleur commandés par MLI.

Divers résultats ont été obtenus et vérifiés avec les équations proposées. Elles permettent de comparer les différents semi-conducteurs pour de nombreuses applications de puissance.

Une application à l'optimisation d'un système de génération hybride a été réalisée. Dans l'analyse des systèmes d'énergie renouvelable, l'approche à rendement constant est habituellement utilisée pour connaître le comportement du système à long terme. Il est intéressant de faire une estimation plus précise des pertes, et de savoir quelle est l'énergie disponible qui peut être vraiment délivrée à la charge. Dans ce chapitre, une nouvelle approche pour calculer les pertes dans un système de génération est proposée.

La méthode proposée permet de prendre en considération la variation des pertes énergétiques des différents points de fonctionnement du système. Des modèles ont été utilisés et adaptés spécialement pour chaque convertisseur électronique de puissance du système. Quelques suppositions sur le fonctionnement ont été faites pour obtenir des expressions analytiques qui représentent les pertes dans chaque convertisseur de puissance. La méthode proposée a été comparée à l'approche à rendement constant pour observer les différences. Ainsi fut montré comment une méthode à rendement constant peut sous-estimer les pertes totales du système.

Par rapport au calcul des pertes, une seule topologie du système hybride a été analysée dans ce travail. Il est possible de travailler davantage sur de nouvelles topologies de système et de convertisseurs.

Conclusions et Perspectives

Les recherches faites dans ce travail de thèse ont abouti à plusieurs résultats, dont les plus importants sont résumés ici.

La formulation d'une méthode d'optimisation a permis de trouver les valeurs optimales du rapport de transformation de la boite de vitesse et de la tension de batterie pour une structure simple de système de conversion éolien isolé et de faible taille. Un modèle mécanique de la turbine éolienne et un modèle électrique classique de la machine ont été utilisés pour obtenir des équations qui permettent de formaliser le problème d'optimisation. Le problème a été résolu, obtenant initialement des résultats peu concluants. Une adaptation du problème a permis de trouver finalement les valeurs optimales recherchées.

Un convertisseur DC/DC cascade conçu spécialement pour le système de génération éolien est proposé, étudié et vérifié. Le convertisseur est composé d'un convertisseur élévateur puis d'un convertisseur abaisseur, ce qui permet de commander de façon optimale le système de génération. Il est possible ainsi de profiter au maximum de la puissance et de l'énergie du vent, faisant diminuer ainsi les coûts de l'énergie produite. Chaque convertisseur est commandé indépendamment par une méthode *feed-forward*, ce qui permet de commander le système de façon stable.

Une méthode pour le calcul des pertes dans les convertisseurs électroniques de puissance a été obtenue et vérifiée. Elle inclut les pertes par conduction et par commutation des semi-conducteurs de puissance, selon leurs caractéristiques et spécificités. Les résultats pour plusieurs convertisseurs sont présentés et analysés. La méthode a permis de calculer plus la quantité d'énergie non fournie d'un système préalablement conçu par une méthode employant un rendement constant.

Les travaux futurs qui pourraient être poursuivis à partir des résultats et de la recherche effectuée dans ce travail de thèse sont entre autres les suivants.

Pour le problème d'optimisation, il est envisageable d'inclure d'autres composants du système de conversion dans le problème proposé. Par exemple, la machine électrique ; dimensionner un système sans boite de vitesses, cherchant le nombre optimal de pôles et les caractéristiques de la machine pour une adaptation optimale au système de conversion éolien.

D'autres techniques de résolution, comme la Descente de Gradient, les Réseaux de Neurones, les Algorithmes Génétiques, etc., peuvent être utiles pour vérifier les résultats du problème d'optimisation déjà résolue par la Méthode de Monte-Carlo ou pour résoudre des nouveaux problèmes d'optimisation que le système de génération éolien peut proposer : par exemple, tenir en compte la variabilité des composants (tension de la batterie en fonction de l'état de charge, résistance du générateur et des diodes en fonction de la température,…) pour résoudre un problème d'optimisation stochastique.

Pour les sites bien définis, il est possible de reprendre l'optimisation du système avec une adaptation de celui-ci aux conditions du vent de l'emplacement.

Pour le système commandé, il est possible de réaliser la conception d'un système de commande spécialement adapté à l'application éolienne du convertisseur cascade proposé. Inclure une partie de commande simultanée des deux convertisseurs, pour la zone où les valeurs de tension d'entrée et de sortie sont similaires et ainsi assurer une bonne régulation du courant pour toute la plage de fonctionnement du système.

Une commande en mode correcteur du facteur de puissance peut être aussi étudiée et vérifiée profitant de la structure cascade proposée. Ceci permettrait au générateur de fonctionner avec des courants presque sinusoïdaux, réduisant les effets nuisibles des harmoniques de courant.

Une validation par moyens expérimentaux du système commandé est envisageable. Un prototype de laboratoire sera utile pour valider la topologie et le système de commande proposés.

Pour la méthode de calcul de pertes dans les convertisseurs, un modèle plus précis des semi-conducteurs peut être mis en place, en tenant compte de la variation de la résistance des transistors en fonction de l'intensité du courant (température).

Une éventuelle inclusion des équations des pertes dans la procédure de dimensionnement du système de puissance hybride est envisageable pour réaliser un calcul plus précis des pertes et de l'énergie non-fournie afin d'améliorer le dimensionnement.

Développer une méthode de calcul pour les autres types de pertes des convertisseurs électroniques et électriques de façon de compléter la procédure d'estimation des pertes dans les systèmes de puissance, spécialement pour les systèmes hybrides.

Références Bibliographiques

ABB (2006): Proven technology for wind energy. Generators, drives and low voltage power components. Products Brochure.

ACEE (2006): Guide de l'Association Canadienne de l'Energie Eolienne, http://www.uqar.uquebec.ca/chaumel/guideeolienACEE.htm#02.

Ackermann, T. (2005): Wind Power in Power Systems, John Wiley & Sons, England.

Ang, S. and Oliva, A. (2005): Power-Switching Converters, Taylor & Francis Group.

Bierhoff, M.H. and Fuchs, F.W. (2004): "Semiconductor Losses in Voltage Source and Current Source IGBT Converters Based on Analytical Derivation", Proceedings of the Power Electronics Society Conference, Germany.

Borowy, B.S. and Salameh, Z.M. (1997): "Dynamic Response of a Stand-Alone Wind Conversion System with Battery Energy Storage to a Wind Gust", IEEE Transactions on Energy Conversion, 12(1) 73-78.

Boukhezzar, B. (2006): "Sur les Stratégies de Commande pour l'Optimisation et la Régulation de Puissance des Eoliennes à Vitesse Variable", PhD Thesis, Université de Paris XI, France.

Bouscayrol, A., Delarue, Ph. and Guillaud, X. (2005): "Power Strategies for Maximum Control Structure of a Wind Energy Conversion System with a Synchronous Machine", Renewable Energy, 30, 2273-2288.

Breeze, P. (2005): Power Generation Technologies, Newnes (Elsevier).

Buttay, C. (2004): Contribution à la Conception par la Simulation en Electronique de Puissance : Application à l'Onduleur Basse Tension (PhD Thesis), Institut National des Sciences Appliquées de Lyon, France.

Casanellas, F. (1994): "Losses in PWM inverters using IGBTs", IEE Proceedings on Electric Power Applications, 141(5), 235-239.

Chedid, R. and Rahman, S. (1997): "Unit Sizing and Control of Hybrid Wind-Solar Power Systems", IEEE Transactions on Energy Conversion, 12(1), 79-85.

Chen, Z. and Blaabjerg, F. (2006): "Wind Energy – The World's Fastest Growing Energy Source", IEEE Power Electronics Society Newsletter, 3, 15-18.

De Battista, H., Mantz, R.J. and Christiansen, C.F. (2003): "Energy-based approach to the output feedback control of wind energy systems", International Journal of Control, 76(3), 299-308.

De Broe, A.M., Drouillet, S. and V. Gevorgian, (1999): "A Peak Power Tracker for Small Wind Turbines in Battery Charging Applications", IEEE Transactions on Energy Conversion, 14(4), 1630-1635.

Ermis, M., Ertan, H.B., Akpinar, E. and Ulgut, F. (1992): "Autonomous wind energy conversion system with a simple controller for maximum-power transfer", IEE Proceedings-B, 139(5), 421-428.

Fitzgerald, A.E., Kingsley, C. and Umans, S.D. (1999): Electric Machinery, McGrawHill.

Gergaud, O. (2002): Modélisation énergétique et optimisation économique d'un système de production éolien et photovoltaïque couplé au réseau et associé à un accumulateur (PhD Thesis), Ecole Normale Supérieure de Cachan, France.

Godoy Simoes, M., Bose, B.K. and Spiegel, R.J. (1997): "Fuzzy Logic Based Intelligent Control of a Variable Speed Cage Machine Wind Generation System", IEEE Transactions on Power Electronics, 12(1), 87-95.

Global Wind Energy Council (GWEC) (2014) http://www.gwec.net/global-figures/graphs/

Hau, E. (2006): Wind Turbines: Fundamentals, Technologies, Application, Economics, Springer, Germany.

Hilloowalla R.M. and Sharaf, A.M. (1996): "A Rule-Based Fuzzy Logic Controller for a PWM Inverter in a Stand Alone Wind Energy Conversion Scheme", IEEE Transactions on Industry Applications, 32(1), 57-64.

International Energy Agency (2011): World Energy Outlook, IEA Publications.

Kariniotakis G.N. and Stravrakakis, G.S. (1995): "A General Simulation Algorithm for the Accurate Assessment of Isolated Diesel – Wind Turbines Systems Interaction", IEEE Transactions on Energy Conversion, 10(3), 584-590.

Knight A.M. and Peters, G.E. (2005): "Simple Wind Energy Controller for an Expanded Operating Range", IEEE Transactions on Energy Conversion, 20(2), 459-466.

Liberti, G., Mazzucchelli, M., Puglisi, L. and Sciutto, G. (1998): "Estimation of losses in static power converters via computer simulation: preliminary results", International Journal of Energy Systems, 8(1), 13-16.

Lopez, M., Dessante, P., Morales, D., Vannier, J.-C., and Sadarnac, D., (2007a): "Optimisation of a Small Non Controlled Wind Energy Conversion System for Stand-Alone Applications", Proceedings of the International Conference on Renewable Energies and Power Quality, Spain.

Lopez, M., Morales, D., Vannier, J.C. and Sadarnac, D. (2007b): "Influence of Power Converter Losses Evaluation in the Sizing of a Hybrid Renewable Energy System", Proceedings of the International Conference on Clean Electric Power, Italy.

Mathew, S. (2006): Wind Energy: Fundamentals, Resource Analysis and Economics, Springer, Germany.

Masters, G. M., (2004): Renewable and Efficient Electric Power Systems, Wiley-Interscience, New Jersey.

Mirecki, A. (2005): Etude comparative de chaînes de conversion d'énergie dédiées à une éolienne de petite puissance, Institut National Polytechnique de Toulouse, France.

Mohan, N., Undeland, T. and Robbins, T. (1995): Power Electronics: Converters, Applications, and Design, John Wiley & Sons, New York.

Mons, L. (2005): Les enjeux de l'énergie, Larousse, France.

Morales, D. and Vannier, J.-C. (2003): "Conception et simulation d'une installation mixte d'énergie électrique renouvelable", Proceedings of the "Electrotechnique du Futur" Conference, France.

Morales, D. and Vannier, J.-C. (2004): "Unit Sizing of Small Hybrid Renewable Energy Conversion Systems under Uncertainty", Proceedings of the International Conference on Electric Machines, Poland.

Morales, D. (2006): Optimalité des éléments d'un système décentralisé de production d'énergie électrique (PhD Thesis), Université de Paris XI, France.

Morales, D., Lopez, M. and Vannier, J.-C. (2006): "Optimal Matching Between a Permanent Magnet Synchronous Machine and a Wind Turbine – Statistical Approach", Proceedings of the International Conference on Electric Machines, Greece.

Neris, A.S., Vovos, N.A., and Giannakopoulos, G.B. (1999): "A Variable Speed Wind Energy Conversion Scheme for Connection to Weak AC Systems", IEEE Transactions on Energy Conversion, 14(1), 122-127.

Ninomiya, K., Harada, K., and Miyasaki, I. (1995): "Active Filter using Cascade Connection of Switching Regulators", 17th IEEE International Telecommunications Energy Conference INTELEC'95, 678-683.

Papathanassiou S.A. and Papadopoulos, M.P. (1999): "Dynamic behavior of Variable Speed Wind Turbine under Stochastic Wind", IEEE Transactions on Energy Conversion, 14(4), 1617-1623.

Rashid, M. (2004): Power Electronics: Circuits, Devices and Applications, Pearson Prentice Hall.

Ribeiro, P. F., Johnson, B. K., Crow, M. L., Arsoy, A. and Liu, Y. (2001): "Energy Storage Systems for Advanced Power Applications", Proceedings of the IEEE, 89(12), 1744-1756.

Söderlund, L. and Eriksson J.-T., (1996): "A Permanent-Magnet Generator for Wind Power Applications", IEEE Transactions on Magnetics, 32(4), 2389-2392.

Westwind (2005): Wind turbines for remote areas. Product Brochure.

Windpower (2006): Site Web de la Danish Wind Industry Association, http://www.windpower.org

World Energy Council (2004): Survey of Energy Resources, Elsevier.

Annexe A. Boîte de Vitesses

Dans cette partie, les différentes configurations, une méthode de dimensionnement et le rendement des boîtes de vitesses utilisées pour les applications éoliennes sont présentés, ainsi que le concept d'entraînement direct (*gearless*) utilisé dans les turbines éoliennes de plus faible ou de plus grande taille.

Configurations des Boîtes de Vitesses

Les boîtes de vitesses à roues dentées sont fabriquées de deux manières différentes. Une première possibilité est l'arbre parallèle ou système d'engrenages de train simple, et l'autre est le train planétaire ou épicycloïdal. Le rapport de transmission procuré par un seul étage est limité, pour que la différence entre les arbres ne soit pas trop défavorable. Les étages d'engrenages parallèles sont construits avec un rapport de transmission jusqu'à 1:6, et ceux épicycloïdaux de 1:12. Les turbines éoliennes de moyenne et grande puissance ont généralement besoin de plus d'un étage. Le tableau A.1 montre les effets des différentes conceptions sur la taille, poids et coût relatif de la boîte.

Il est remarquable que le design épicycloïdal représente seulement une fraction du poids total d'un système à arbres parallèles comparable. Les coûts relatifs sont ainsi réduits d'à peu près la moitié. Dans l'ordre des mégawatts, la boîte épicycloïdale multi-étages (figure A.1b) est nettement supérieure. Pour les plus petites, la conclusion n'est pas si évidente. Dans la gamme allant jusqu'à 500 kW, les designs à arbres parallèles (figure A.1a) sont régulièrement préférés pour des raisons de coût.

Bien qu'il soit possible d'adapter les boîtes de vitesse d'autres types de machine aux turbines éoliennes, celles-ci sont soumises à des contraintes particulières qui ne sont pas souvent rencontrées dans d'autres applications, un dimensionnement spécifique est alors très souvent employé.

Tableau A.1. Masse totale et cout relatif de plusieurs conceptions de boîtes de vitesses pour une turbine éolienne de 2500 kW (Source : Hau, 2006)

Configuration	Masse [T]	Cout relatif [%]
Deux étages parallèles	70	180
Trois étages parallèles	77	192
Deux étages : un parallèle et un épicycloïdal	41	169
Trois étages : un parallèle et deux épicycloïdaux	17	110
Trois étages épicycloïdaux	11	100

Figure A.1. (a) Boîte de vitesse de deux arbres parallèles pour une éolienne de 200 à 500 kW, (b) Boîte de vitesse standard pour les grandes turbines éoliennes avec un étage épicycloïdal et deux arbres parallèles (Source : Hau, 2006)

Dimensionnement de la Boîte

Le dimensionnement de la boîte de vitesse est considéré sous deux aspects. D'une part, il y a le dimensionnement interne des éléments de l'engrenage, comme les dents, les arbres et les roulements. Ceci est principalement la tâche du fabricant de la boîte de vitesse. Mais le fabricant ne peut résoudre cette tâche que s'il est muni de l'information correcte sur les charges externes qui auront lieu durant les différentes conditions de fonctionnement. L'élaboration du cahier des charges est la tâche des ingénieurs système de la turbine éolienne.

Le paramètre le plus important est le couple devant être transmis (Hau, 2006). Le couple du rotor n'est pas une valeur constante et il est soumis à des variations plus ou moins importantes, selon la conception de la turbine éolienne. Le spectre de charge contient des variations de couple, exprimées en amplitude et fréquence qui ont lieu pendant toute la durée de vie de la turbine. Le rapport de transmission est dimensionné par le fabricant sur la base de ce spectre de charge, de sorte que la limite de résistance à la fatigue soit à une distance suffisante au dessus du spectre de charge (figure A.2).

Cette méthode n'est pas toujours faisable dans la pratique ; un spectre de charge complet et fiable pour la boîte de vitesse est rarement disponible, donc, une méthode simplifiée et basée sur des données empiriques est utilisée pour définir la situation de charge externe (Hau, 2006).

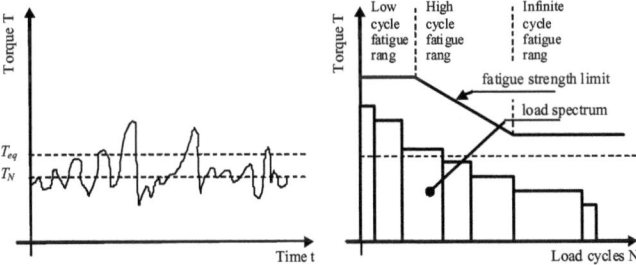

Figure A.2. Caractéristiques du couple et sa distribution par rapport à la ligne de force d'une boîte de vitesses pour un dimensionnement correct

Rendement de la Boîte de Vitesses

Les pertes de puissance dans les boîtes de vitesse modernes sont peu importantes. Néanmoins, le rendement de la boîte de vitesse ne peut pas être complètement ignoré, particulièrement pour une turbine éolienne (Hau, 2006). La friction entre les dents et les ruptures du flux de l'huile sont les causes principales de pertes dans la boîte de vitesse. Elles provoquent une émission de chaleur et, dans une mesure beaucoup moins importante, une émission sonore. La chaleur peut devenir un problème principalement dans des boîtes de vitesse planétaires très compactes, où des circuits de refroidissement complémentaires deviennent nécessaires.

Le rendement dépend essentiellement du rapport total de transmission, du type de mécanisme et de la viscosité de l'huile de graissage. Les valeurs suivantes sont trouvées typiquement: 2% de pertes par étape environ pour une boîte à arbre parallèle et 1% de pertes par étape environ pour une boîte épicycloïdale (Hau, 2006).

En raison de leur technologie plus sophistiquée, les plus grandes boîtes de vitesse, dans la gamme des mégawatts, fonctionnent généralement avec un rendement légèrement meilleur que celui des plus petites. Le rendement diminue avec le nombre d'étages, de nombreuses tentatives ont donc été faites pour obtenir les vitesses requises avec des transmissions à deux étages, notamment pour des turbines éoliennes de taille moyenne.

Une boîte de vitesse à deux étages associée à un générateur multipolaire un peu plus cher et fonctionnant à une vitesse basse peut alors être une configuration plus efficace qu'une boîte de vitesse à trois étages accouplée à un générateur bipolaire.

Le rendement d'une transmission d'engrenages dépend aussi de la puissance transmise. Cependant, il est difficile de trouver de l'information sur le rendement en fonction des courbes de charge ; il alors est nécessaire de faire des approximations. Dans le cas des mécanismes épicycloïdaux, il peut être supposé qu'environ 50 % des pertes de puissance sont constantes tandis que 50 % varient linéairement avec la puissance transmise (Hau, 2006).

Annexe A. Boite de Vitesses

Entrainement Direct

Une solution au problème du surdimensionnement de la boîte de vitesse est simplement de l'éliminer en utilisant un système où le rotor est connecté directement au générateur. Les générateurs à attaque directe capables de travailler aux faibles vitesses de rotation des turbines éoliennes sont en développement, mais les conceptions actuelles sont plus lourdes que les générateurs conventionnels. Ce type d'entraînement direct du générateur est aussi dénommé fonctionnement « *gearless* » de la turbine éolienne.

S'il n'y a pas de boîte de vitesse, il y a moins de composants dans le système mais aussi moins de friction à vaincre par les pales. Ceci a comme résultat une vitesse de démarrage plus faible avec les vents légers, plus de puissance produite, et moins de maintenance (Westwind, 2005).

A partir de la moitié des années 1990, des éoliennes avec entraînement direct sont produites en série par quelques constructeurs (ENERCON, ABB, WESTWIND, et autres). Les résultats obtenus montrent une bonne performance de cette technologie.

Dans une application à entraînement direct, la turbine éolienne et le générateur sont intégrés pour former une structure compacte. La conception simple et robuste du rotor à faible vitesse sans circuit d'excitation séparé ni système de refroidissement résulte en une taille diminuée, des besoins de maintenance réduits, des coûts plus faibles et une durée de vie plus longue (ABB, 2006).

Ces turbines sont à vitesse variable et utilisent couramment un générateur synchrone et un convertisseur de fréquence. Grâce au convertisseur, le générateur ne doit pas être obligatoirement conçu pour une fréquence de 50 ou 60 Hz, le nombre de pôles est alors défini pour que le diamètre du générateur reste dans des limites tolérables (Hau, 2006).

La suppression de la boîte de vitesses améliore la fiabilité et la continuité du service, les désavantages de cette solution ne doivent pas être négligés. Pour le cas des grandes éoliennes, le générateur est de conception complexe spécialement dédiée à cette application et ses poids et diamètre élevés impliquent un poids total supérieur aux conceptions conventionnelles.

Annexe B. Technologies de Stockage

Pour les domaines de la génération, de la distribution et de l'utilisation de l'énergie électrique, l'utilisation du stockage de l'énergie électrique ouvre des perspectives intéressantes. Au niveau du réseau d'électricité, par exemple, une installation de stockage d'énergie est typiquement utilisée la nuit pour stocker l'électricité générée pendant les périodes de creux de consommation. Cette énergie est postérieurement fournie pendant les heures de pointe de la demande.

Les installations de stockage d'énergie peuvent aussi fournir de l'énergie de secours (*back-up*). Elles peuvent être employées dans les industries ou dans les bureaux pour surmonter une défaillance du réseau. En fait, dans une industrie sensible où une réponse instantanée à la perte de puissance est nécessaire, l'utilisation d'une technologie de stockage est la seule façon d'assurer la disponibilité de l'énergie.

Le stockage d'énergie joue aussi un rôle important dans la génération d'électricité à partir des sources renouvelables. La plupart des sources renouvelables comme le solaire, l'éolien et les marées sont intermittentes et leur production est fréquemment difficile à prévoir avec exactitude. La combinaison d'une forme de stockage avec une source d'énergie renouvelable aide à corriger cette incertitude et augmente la valeur de l'énergie générée.

L'utilisation du stockage de l'énergie n'est cependant pas encore largement répandue en raison de la faible efficacité des différentes technologies et de leur coût. Même si un réseau avec une capacité de stockage de 10% à 15% de son volume de production est plus stable et moins cher à faire fonctionner, dans un marché compétitif et dérégulé, les économies du stockage d'énergie peuvent ne pas sembler avantageuses et ceci a probablement freiné les investissements.

B.1 Types de Stockage d'Energie

La conservation de l'énergie électrique sous sa forme dynamique, en ampères et en volts, est très difficile à réaliser. La forme la plus proche est le stockage de l'énergie magnétique dans un anneau supraconducteur dans lequel un courant continu est maintenu en circulation. Une autre forme directe de stockage est le système capacitif qui garde l'énergie en associant un champ électrique et des charges. Toutes les autres formes de stockage font la conversion de l'électricité en une autre forme d'énergie. Ceci signifie que l'énergie doit être reconvertie en électricité quand elle est requise.

Une batterie rechargeable garde l'énergie sous forme chimique, une centrale hydraulique à pompage stocke l'énergie sous forme potentielle, un volant d'inertie stocke de l'énergie cinétique et un système à air comprimé, CAES (*Compressed Air Energy Storage*), stocke l'énergie sous une autre forme pneumatique.

Pour le stockage à grande échelle, trois technologies sont disponibles actuellement : le stockage par pompage d'eau, par air comprimé et, dans une moindre mesure, dans des ensembles de batteries de grande taille. Les batteries, les volants d'inerties et les systèmes de stockage capacitif sont aussi utilisés dans les petites et moyennes installations de stockage. Le stockage d'énergie magnétique à supraconducteur (SMES, de *Superconductiong Magnetic Energy Storage*) est utilisé pour des installations de petite taille et il est approprié pour les installations plus grandes mais il a encore des coûts élevés (Breeze, 2005 ; Ribeiro *et. al.*, 2001).

Le temps de réponse pour délivrer la puissance requise est variable. Un condensateur peut fournir de la puissance presque instantanément, tout comme le SMES. Les batteries répondent en quelques dizaines de millisecondes, les volants d'inertie ont un temps de réponse compris entre quelques dizaines de secondes et quelques secondes. Pour fournir la puissance nominale, un système CAES peut prendre 2 à 3 minutes et un système à pompage d'eau entre 10 secondes et 15 minutes.

Le temps de stockage de l'énergie a des effets sur le choix de la technologie à utiliser. Pour des durées de l'ordre de plusieurs jours ou semaines, un système de stockage mécanique est le plus approprié. Le stockage à pompage d'eau a la meilleure stabilité si les pertes d'eau sont bien gérées. Pour des cycles journaliers, le stockage par pompage d'eau et le CAES sont appropriés. Les batteries sont utiles pour le stockage sur des périodes de quelques heures. Les condensateurs, les

Annexe B. Technologies de Stockage

volants d'inertie et les systèmes à supraconducteurs sont mieux adaptés pour le stockage d'énergie à court terme. Les volants d'inertie peuvent aussi s'utiliser pour des systèmes de stockage à plus long terme.

Le rendement du procédé de conversion d'énergie représente aussi un aspect important à considérer. Un système de stockage d'énergie utilise deux procédés complémentaires, l'un pour garder l'électricité et l'autre pour la régénérer. Lors de chacune de ces transformations, des pertes sont observées. Le rendement du parcours complet (aller-retour) est le pourcentage d'énergie électrique envoyé au stockage et utilisé à nouveau. Quelques valeurs typiques sont précisées dans le tableau B.1.

Les systèmes de stockage « électronique » comme les condensateurs peuvent avoir un rendement élevé, tout comme les batteries. Néanmoins leur rendement diminue avec le temps à cause des courants de fuite. Les batteries où les réactifs chimiques sont séparés, ont une meilleure performance par rapport aux pertes de stockage et ont un rendement total plus élevé que les batteries d'un autre type. Les systèmes de stockage mécaniques comme les volants d'inertie, à air comprimé et de pompage d'eau ont un rendement relativement moins élevé. Cependant, ces deux derniers peuvent garder de l'énergie sur de longues périodes si nécessaire avec un rendement acceptable.

Tableau B.1. Rendement aller-retour des différentes technologies de stockage
(Source : Breeze, 2005)

Technologie	Rendement (%)
Condensateurs	90
Système de stockage à supraconducteur	90
Flow battery	90
Système de stockage à air comprimé	80
Volant d'inertie	80
Système de pompage d'eau	75 – 80
Batterie	75 – 90

B.2 Systèmes de Stockage d'Energie pour les Applications de Puissance

Bien que les systèmes de stockage ne soient pas des sources d'énergie, ils peuvent contribuer efficacement à l'amélioration de la stabilité du réseau, à la qualité de puissance fournie et à la fiabilité de l'approvisionnement en énergie. La technologie des batteries a progressé de manière significative, en faisant face aux nouveaux challenges des véhicules électriques et des applications de réseau. Les volants d'inertie sont à présent utilisés dans les sources de puissance non interruptibles non polluantes les plus récentes. Les condensateurs de nouvelle technologie sont considérés comme des éléments de stockage d'énergie pour les applications réseau. Le stockage d'énergie par supraconducteur est toujours en phase expérimentale, cependant son utilisation dans les applications réseau est aussi envisagée.

L'énergie électrique peut être stockée en convertissant l'électricité à l'aide d'un mode de stockage électromagnétique, électrochimique, cinétique, ou par énergie potentielle. Chaque technologie de stockage inclut d'habitude une unité de conversion de puissance pour faire passer l'énergie d'une forme à une autre. Ici encore, le volume de stockage et la rapidité de réponse représentent deux points clés pour une application d'une technologie de stockage d'énergie. La puissance maximale de l'unité de conversion de puissance et le temps de réponse du dispositif de stockage sont ainsi associés pour définir les performances du système.

Les bénéfices possibles de l'utilisation de technologies de stockage dans les systèmes de puissance à courant alternatif incluent : l'amélioration de la transmission, l'amortissement des oscillations de puissance, la stabilité dynamique de tension, le contrôle de ligne, la réserve tournante pour le court terme, le lissage de charge, la réduction du délestage par basse fréquence, la re-fermeture des circuits ouverts, l'amortissement des résonances sub-synchrone et l'amélioration de la qualité de la puissance.

La dérégulation, en combinaison avec les limitations de la transmission et le manque de génération, a récemment changé les contraintes sur les réseaux de puissance et a créé des situations où les technologies de stockage d'énergie peuvent jouer un rôle très important dans le maintien de la fiabilité du système et de la qualité de l'énergie fournie. La capacité à amortir rapidement les oscillations, à répondre aux changements soudains de la charge, à fournir la charge pendant les interruptions de la transmission ou de la distribution, à corriger des profils de tension de la charge avec un contrôle de puissance réactif rapide et à permettre aux générateurs d'équilibrer la charge du système sans modifier leur vitesse normale, sont parmi les avantages issus de l'utilisation des dispositifs de stockage d'énergie.

Pour les applications de puissance de faible taille, comme pour un emplacement isolé sans raccordement au réseau public, les batteries représentent le moyen de stockage le plus utilisé et le moins onéreux. La section suivante traite de cette technologie de stockage.

B.3 Batteries pour Stockage à Large Echelle

La façon traditionnelle de stockage de l'électricité est la batterie. C'est un dispositif électrochimique qui conserve l'énergie sous une forme chimique pour qu'elle puisse être libérée quand il est nécessaire.

Une batterie est composée d'une série de cellules individuelles, chacune étant capable de fournir un courant défini sous une tension donnée. Les cellules sont associées en série et/ou en parallèle de façon de fournir la tension et le courant désirés pour une application particulière.

Chaque cellule comporte deux électrodes, une anode et une cathode, plongées dans un électrolyte (ceci est une simplification ; quelques cellules plus modernes utilisent un électrolyte en pâte ou solide). Une connexion électrique entre les deux électrodes est nécessaire pour permettre le passage d'électrons d'une électrode à l'autre lorsque la réaction se déroule.

Les batteries sont une des technologies de stockage d'énergie les plus intéressantes en raison de leur disponibilité. Un système de stockage d'énergie par batterie (BESS, de *Battery energy storage systems*) est composé d'un ensemble de modules de faible tension et puissance connectés en parallèle et en série pour obtenir la caractéristique électrique désirée. Les batteries sont « chargées » quand elles subissent une réaction chimique interne sous un potentiel appliqué aux terminaux. Elles livrent l'énergie absorbée, la « décharge », quand elles inversent cette réaction chimique. Les facteurs clé des batteries pour les applications de stockage incluent : haute densité d'énergie, haute capacité d'énergie, rendement d'aller et retour élevé, haute capacité de cycles de charge-décharge, durée de vie élevée et faible coût initial.

Les cellules rechargeables peuvent être classées selon le type de décharge qu'elles peuvent supporter : décharge profonde et peu profonde. Une cellule de décharge peu profonde est partiellement déchargée avant être rechargée de nouveau ; tel est le cas des batteries utilisées dans les véhicules thermiques. Une cellule de décharge profonde est normalement complètement déchargée avant être rechargée. Elle constitue le type de batterie le plus attrayant pour le stockage d'énergie électrique à grande échelle.

Les promoteurs de systèmes de stockage électrochimiques traditionnels avancent un rendement de 90 % mais une valeur plus réelle serait de 70 % (Breeze, 2005). La plupart des batteries subissent des pertes d'énergie par autodécharge. En effet, laissée inutilisée trop longtemps, la cellule se décharge. Cela signifie que les systèmes de batterie peuvent seulement être utilisés pour le stockage sur des temps relativement courts.

Un problème supplémentaire est le vieillissement des batteries. Après un certain nombre de cycles, la cellule ne peut plus tenir sa charge efficacement, ou la quantité de charge qu'elle peut tenir décline. Beaucoup de travaux de recherche et de développement ont visé à l'extension de la vie des cellules électrochimiques, mais tout n'est pas encore résolu.

Les batteries peuvent répondre à une demande d'énergie presque instantanément. Cette propriété peut être utilisée pour améliorer la stabilité d'un réseau d'énergie électrique. Ceci est une caractéristique intéressante aussi bien pour la génération distribuée que pour les applications de soutien (réserve) de puissance.

Les batteries traditionnelles sont installées dans un seul compartiment où les réactions se déroulent. Il existe aussi des batteries (*flow batteries*) dans lesquelles les agents chimiques impliqués dans la génération d'électricité sont contenus dans des réservoirs séparés de la cellule électrochimique. Dans ce type de dispositif, l'agent est pompé par la cellule selon les besoins. De telles cellules subissent moins de pertes d'énergie. Plusieurs types sont développés pour le stockage d'électricité dans les réseaux de puissance.

En raison de la cinétique chimique impliquée, les batteries ne peuvent pas fonctionner à des niveaux de puissance élevés pendant de longues périodes. De plus, des décharges rapides et profondes peuvent provoquer la dégradation prématurée de la batterie, notamment parce que le chauffage résultant de ce fonctionnement réduit la durée de vie de la batterie. Il y a aussi des problèmes environnementaux liés au stockage des batteries en raison de la génération de gaz toxiques pendant la charge et la décharge. De plus, le rejet de matériaux dangereux nécessite quelques précautions pour la mise au rebut des batteries. Ce problème varie avec la technologie de la batterie. Le recyclage/rejet des batteries plomb-acide est maintenant bien répandu pour les batteries des véhicules thermiques.

Annexe B. Technologies de Stockage

Les batteries stockent la charge en courant continu, une conversion de puissance est nécessaire pour les connecter à un système à courant alternatif. Un convertisseur électronique de puissance alimenté par des batteries petites et modulaires peut fonctionner sous quatre quadrants (flux de courant bidirectionnel et polarité de tension bidirectionnelle) avec une réponse rapide. Le fonctionnement et le contrôle du réseau de puissance peut être amélioré par l'intégration du stockage d'énergie par batterie avec un contrôleur de flux de puissance de type FACTS.

Les progrès dans les technologies de batteries offrent une densité de stockage d'énergie accrue, un nombre de cycles plus élevé, une fiabilité plus haute et un coût plus bas. Les BESS sont récemment apparus comme une des technologies de stockage à court terme les plus prometteuses, offrant plusieurs applications comme la régulation de tension, la protection contre les chutes de tension, le stockage d'énergie et la correction du facteur de puissance. Plusieurs unités de BESS ont été conçues et installées pour le lissage de charge, la stabilisation et le contrôle de fréquence. L'emplacement optimal du site et la capacité de BESS peuvent être décidés selon l'application envisagée. Ceci a été déjà fait pour les applications de nivellement de la charge.

B.3.1 Batteries Plomb-Acide

Les batteries plomb-acide sont les plus connues des batteries rechargeables. Elles sont utilisées dans les automobiles partout dans le monde, mais aussi pour le stockage d'énergie à petite échelle dans les maisons et les bureaux. Des cellules plomb-acide avancées ont été développées pour des applications de stockage dans les réseaux électriques, la plus grande est, à ce jour, une installation de 10 MW en Californie.

Les batteries de type plomb-acide fonctionnent à température ambiante et utilisent un électrolyte liquide. Elles sont lourdes et ont une faible densité d'énergie ; cependant, aucun de ces inconvénients n'est un handicap important pour les applications stationnaires. Elles sont aussi bon marché et peuvent être recyclées plusieurs fois.

La technologie de ces batteries est bien établie et mûre. Elles peuvent ainsi être conçues pour le stockage de grandes quantités d'énergie ou pour charge/décharge rapide. Les améliorations de la densité d'énergie et des caractéristiques de charge sont encore un secteur de recherche actif. Cette technologie représente toujours une option à bon marché pour la plupart des applications exigeant de grandes capacités de stockage malgré une faible densité d'énergie et un cycle de vie limité. Les applications mobiles favorisent les technologies de batterie de plomb-acide scellées grâce à leur haute sécurité et facilité de maintenance. Les batteries plomb-acide étanches (dite VRLA, de *valve regulated lead-acid*) ont de meilleures performances pour des applications stationnaires.

B.3.2 Batteries Nickel-Cadmium

Les batteries de type Nickel-Cadmium (Ni-Cd) ont des densités d'énergie plus élevées et sont plus légères que les batteries de type plomb-acide. Elles fonctionnent mieux aussi à basses températures. Elles sont d'un coût plus élevé. Ce type de batterie a été utilisé largement dans les ordinateurs et les téléphones portables, mais elles sont remplacées maintenant par les batteries au lithium-ion. La plus grande batterie de Ni-Cd jamais construite est une unité de 40 MW en Alaska, terminée en 2003. Occupant un bâtiment de la taille d'un terrain de football, elle est constituée de 13760 cellules individuelles. Mais ce type de batterie est en régression du fait de la toxicité du Cadmium, au moins en Europe au point de vu de la réglementation. Elle devrait être remplacée par la technologie Nickel Métal Hydrure (NiMH) dans le futur.

B.3.3 Batteries Sodium-Soufre

La batterie de type sodium-soufre (Na-S) est une batterie fonctionnant à haute température (300°C). Elle contient du sodium liquide qui peut exploser au contact de l'eau. Les précautions à prendre au niveau de la sécurité est un aspect important avec ces batteries. Elles ont une très haute densité d'énergie qui les rend attrayantes, particulièrement pour les applications de stockage à grande échelle.

Cette batterie est en développement pour les applications dans les réseaux de puissance au Japon. Les premiers projets commerciaux sont compris entre 500 kW et 6 MW. Une petite unité a été commandée aux Etats-Unis en 2002 (Breeze, 2005).

B.3.4 *Flow Batteries*

La batterie dite *flow battery* est un croisement entre une batterie conventionnelle et une pile à combustible. Elle a, comme dans une batterie conventionnelle, des électrodes et un électrolyte. Les réactifs chimiques responsables de la réaction et le produit de cette réaction sont conservés dans des réservoirs séparés de la cellule et sont pompés vers les électrodes selon les besoins, comme dans une pile à combustible.

Deux types de flow batteries ont été développés pour les applications dans les réseaux, la batterie à base de bromure-polysulfure et la batterie à base de vanadium redox. Ces deux conceptions ont dépassé le stade de laboratoire et des capacités atteignant 15 MW sont désormais proposées. Le temps de réponse pour passer de zéro à la pleine puissance est estimé à environ 100 ms.

B.3.5 Batteries Lithium Ion

La batterie lithium-ion occupe aujourd'hui une place prédominante sur le marché de l'électronique portable. Ses principaux avantages sont une densité d'énergie élevée (densité massique 2 à 5 fois supérieure à celle du Ni-MH par exemple) ainsi que l'absence d'effet mémoire. Enfin, l'autodécharge est relativement faible par rapport à d'autres accumulateurs. Cependant le coût reste important et cantonne le lithium aux systèmes de petite taille.

La batterie lithium-ion fonctionne sur l'échange réversible de l'ion lithium entre une électrode positive, le plus souvent un oxyde de métal de transition lithié (dioxyde de cobalt ou manganèse) et une électrode négative en graphite (sphère MCMB). L'emploi d'un électrolyte aprotique (un sel LiPF6 dissous dans un mélange de carbonate) est obligatoire pour éviter de dégrader les électrodes très réactives.

Les courants de charge et de décharge admissibles sont aussi plus faibles qu'avec d'autres technologies. Les éléments vieillissent même en l'absence d'utilisation. Quel que soit le nombre de charges/décharges, leur durée de vie serait limitée à une durée d'environ 2 ou 3 ans après fabrication.

Cependant, il existe des accumulateurs Li-ion industriels de grande puissance (plusieurs centaines de watts par élément) qui ne sont pas touchés par ce vieillissement, grâce à une chimie plus travaillée et une gestion électronique poussée. Ces éléments peuvent fonctionner jusqu'à 15 ans (aéronautique, véhicules hybrides, systèmes de secours). Les satellites Galiléo par exemple sont équipés de batteries Li-ion d'une durée de vie de 12 ans. Cependant l'utilisation de la technologie Li-ion à ces échelles de puissance n'en est qu'à ses débuts.

B.4 Considérations Environnementales sur les Technologies de Stockage

Chacune des technologies de stockage d'énergie considérées a un impact sur l'environnement. Le stockage par pompage d'eau implique les mêmes considérations que l'hydroélectricité conventionnelle, et le stockage par air comprimé implique des considérations d'émission semblables à celle d'une turbine à gaz.

Les grands systèmes de stockage d'énergie par batterie impliquent l'utilisation de matériaux toxiques comme le cadmium ou le plomb, qui doivent être manipulés et recyclés avec soin. Le sodium dans une batterie sodium-soufre est particulièrement dangereux et doit être manipulé soigneusement. Les systèmes flow batteries contiennent des éléments qu'il faut empêcher de retrouver dans l'environnement.

Les systèmes de stockage de haute technologie comme le SMES et les super-condensateurs impliqueront aussi des nouveaux matériaux, peut-être toxiques. Ceux-ci seront coûteux à produire et il y aura donc une forte incitation à les recycler. Les volants d'inertie sont probablement les moins polluantes des technologies de stockage, avec un faible impact sur l'environnement, à moins qu'ils soient traités avec une négligence extrême.

Les technologies de stockage ont pourtant des impacts positifs sur l'environnement. Le premier est leur capacité à améliorer le rendement des systèmes en général et le deuxième est représenté par les avantages de leur utilisation en conjonction avec des technologies renouvelables.

Le fait d'ajouter de la capacité de stockage d'énergie à un réseau de distribution ou de transmission le rend plus facile à gérer (Ribeiro et. al., 2001). Comme indiqué au préalable, la capacité de stockage peut être utilisée pour garder de l'électricité produite dans des centrales de base bon marché en périodes creuses, qui peut être utilisée quand la demande monte au-delà de la capacité des unités de base.

Ce mode d'action est plus économique parce qu'il remplace la génération de pointe par la génération de base, normalement beaucoup moins chère. Il est aussi plus efficace parce qu'il permet au réseau de puissance de baser la majorité de sa génération sur ses unités à plus haut rendement. Ceci est aussi un avantage environnemental car une génération plus efficace a comme résultat une pollution atmosphérique plus faible.

B.5 Energie Renouvelable et Systèmes de Stockage

Une meilleure efficacité énergétique est une conséquence de l'utilisation du stockage d'énergie. Cependant, le stockage d'électricité peut avoir aussi un effet profond sur l'économie et l'utilité des sources d'énergie renouvelables. Le vent, le soleil, les marées, les vagues sont toutes des sources intermittentes ou imprévisibles. Ces deux caractéristiques sont un handicap qui rend ce type d'énergie moins convenable aux yeux d'un opérateur de réseau de puissance et moins facile à gérer en grandes quantités. Il y a une limite de la quantité de puissance imprévisible qu'un réseau peut accepter tout en fournissant un bon service.

Si le stockage d'énergie est ajouté à l'utilisation de ces sources renouvelables, la situation devient complètement différente. L'énergie du système éolien ou solaire peut alors être utilisée directement ou conservée. La production de ces systèmes est moyennée. Tant les pics que les creux de production sont lissés par l'unité de stockage. En conséquence, la source d'énergie devient prévisible. Ceci la rend beaucoup plus facile à dispatcher et permet aussi d'accepter de plus grands niveaux de puissance sans affecter la qualité de fourniture d'énergie.

Toutefois, de nos jours, la combinaison technologie renouvelable et stockage d'énergie a un bilan économique peu rentable. Mais au fur et à mesure que le prix des énergies renouvelables diminue, que celui des combustibles fossiles augmente, et que les avantages des systèmes de stockage d'énergie de grande capacité seront de plus en plus acceptés, l'aspect économique sera sans doute beaucoup plus intéressant.

B.6 Coûts des Technologies de Stockage

Les couts des systèmes de stockage d'énergie évoluent rapidement. Certains, comme le pompage hydraulique, sont naturellement lourds en termes d'investissement, alors que d'autres, comme le SMES sont chers pour plusieurs raisons et notamment parce qu'ils ne sont pas assez développés. Quelques autres, comme le stockage par air comprimé, sont relativement moins onéreux.

Le tableau B.2 présente quelques prix provisoires pour les différentes technologies examinées. Il confirme que les CAES sont les moins onéreux à installer bien que le stockage par batterie puisse aussi être bon marché. Ces valeurs sont à interpréter avec prudence, particulièrement parce que beaucoup de ces technologies sont en développement et que les prix diminueront probablement de façon significative dès qu'ils deviendront largement disponibles au niveau commercial.

Considérant l'aspect économique d'un système de stockage, le rendement des conversions d'énergie lors des allers-retours sera aussi un aspect à prendre en compte.

À l'exception du CAES, une unité de stockage n'utilise pas de combustible. Ainsi il n'y a normalement aucun prix de combustible à considérer. Beaucoup de ces technologies sont relativement faciles à faire fonctionner et à maintenir.

Par principe, ce sont le stockage de l'électricité au tarif « creux » et la restitution en période de pointe qui déterminent la rentabilité économique d'un système de stockage sur les réseaux de puissance. Pour les systèmes isolés avec génération renouvelable, le stockage permet d'équilibrer la production-consommation (stocker quand la production dépasse la consommation et déstocker pour le cas inverse) et ce seront donc les courbes de charge et de production qui détermineront, au niveau économique, la taille du système de stockage.

Tableau B.2. Couts d'investissement des systèmes de stockage (Source : Breeze, 2005)

Technologie	Coût relatif
Système de stockage à supraconducteur	4 – 8
Stockage par batterie	1 – 3
Système de stockage à air comprimé	1
Volant d'inertie	5
Système de pompage d'eau	2 – 9

Annexe C. Le Coefficient de Puissance

Le coefficient de puissance C_p est caractéristique de chaque type d'éolienne et il n'est pas constant pour toutes les valeurs de la vitesse du vent ; spécialement si le système de conversion n'a pas de commande pour suivre le C_p maximal, comme est le cas pour la plupart des petites éoliennes.

L'étude aérodynamique des turbines éoliennes détermine que le C_p est dépendant du rapport de vitesses ou « tip speed ratio » λ. Cette variable est définie par le rapport entre la vitesse linéaire à la pointe de la pale $\Omega\,R$ et la vitesse du vent v :

$$\lambda = \frac{\Omega R}{v}$$

Ω est la vitesse de rotation, R est le rayon de pale de la turbine et v la vitesse du vent.

Approximation par polynôme

Une représentation des plus simples d'un groupe de point obtenus expérimentalement est la régression polynomiale.

Pour le cas en étude, l'information est obtenue du travail de Borowy et Salameh (1999), qui ont obtenu une approximation polynomiale du C_p, pour un système éolien de petite taille :

$$C_p(\lambda) = 0.043 - 0.108\,\lambda + 0.146\lambda^2 - 0.0602\lambda^3 + 0.0104\lambda^4 - 0.0006\lambda^5 - 2.2\cdot 10^{-6}\,\lambda^6$$

La figure C.1 montre la courbe du polynôme antérieur (bleu). Le problème avec cette représentation est qu'elle ne montre pas les grandeurs d'intérêt comme la valeur de C_p maximale, la valeur de λ pour $C_{p\,max}$ (λ_{opt}), où la valeur maximale de λ.

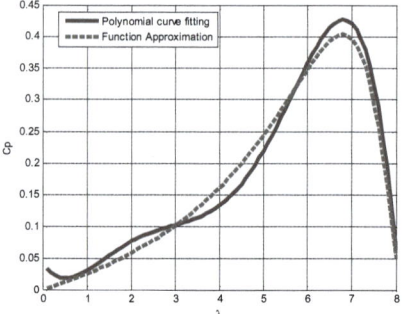

Figure C.1. Approximation de C_p polynomiale (solide) et par fonction proposé par Vannier, Morales et Lopez (tirets)

De l'analyse du polynôme, le point de maximum local est obtenu

$$(\lambda_{max}, C_{p\,max}) = (6.8023, 0.4264)$$

Le point de croisement par zéro est $\lambda_0 = 8.0776$

Approximation « Vannier – Morales – Lopez » du C_p par fonction rationnelle

$$C_p(\lambda) \approx \frac{G \cdot \lambda(\lambda_0 - \lambda)}{a^2 + (\lambda_0 - \lambda)^2}$$

Les paramètres G, λ_0 et a sont à déterminer. Une régression non linéaire doit se faire pour trouver ces paramètres.

Cette opération peut-être compliquée. Pour simplifier l'obtention des paramètres désirés, λ_0 peut s'approximer avec l'information déjà à la main : c'est le point où la courbe croise à nouveau l'axe des abscisses ; c'est-à-dire, une des racines du polynôme. Donc, une fois connus les coefficients de la régression polynomiale, il suffit de résoudre numériquement pour connaître les racines et choisir celle qui est plus proche du point. Ce point peut s'égaler à λ_0 pour la régression non linéaire de la fonction proposée.

Annexe C. Coefficient de Puissance

Faisant quelques opérations algébriques sur l'équation proposée, on arrive à la fonction sous forme combinaison linéaire suivante :

$$a^2 \cdot C_p(\lambda) + G \cdot \lambda(\lambda - \lambda_0) + (\lambda_0 - \lambda)^2 \cdot C_p(\lambda) \approx 0$$

Cette fonction peut s'écrire de la façon suivante :

$$\alpha \cdot f(\lambda) + \beta \cdot g(\lambda) + h(\lambda) \approx 0$$

Avec

$\alpha = a^2$
$\beta = G$
$f(\lambda) = C_p(\lambda)$
$g(\lambda) = \lambda(\lambda - \lambda_0)$
$h(\lambda) = (\lambda_0 - \lambda)^2 C_p(\lambda)$

Sous cette forme, les paramètres α et β sont obtenus d'une simple régression par moindres carrés et les paramètres originaux a et G sont obtenus.

$$a = \sqrt{\alpha}$$
$$G = \beta$$

Les valeurs obtenues de la résolution pour $\lambda_0 = 8.08$ sont $a = 1.56$ et $G = 0.19$.

Dans la figure C.1, cette approximation est tracée en tirets verts.

Un avantage de cette fonction est qu'il est possible de savoir immédiatement le rapport de vitesses maximal λ_0 et, indirectement, la valeur approximée de λ à laquelle le coefficient de puissance est maximal ($\lambda_{opt} \approx \lambda_0 - a$).

$$C_p(\lambda) \approx \frac{G \cdot \lambda(\lambda_0 - \lambda)}{a^2 + (\lambda_0 - \lambda)^2} = \frac{0.19 \cdot \lambda(8.08 - \lambda)}{(1.56)^2 + (8.08 - \lambda)^2}$$

Annexe D   Multiplicité des Points d'Equilibre

Reprenant les expressions de puissance du système de conversion éolien sans commande (Chap. 2) :

Puissance mécanique de la turbine

A partir de l'expression de la puissance mécanique de la turbine et utilisant celles du coefficient de puissance C_p, du rapport de vitesses λ et de la vitesse de rotation, on arrive a l'expression suivante P_{turb} :

$$P_{turb} = \frac{1}{2}\rho \cdot A \cdot C_p \cdot v^3$$

$$C_p = G\frac{\lambda(\lambda_0 - \lambda)}{a^2 + (\lambda_0 - \lambda)^2}$$

$$\lambda = \frac{\Omega R}{v}$$

$$\Omega = \frac{\Omega_G}{M} = \frac{\omega}{p \cdot M}$$

$$P_{turb} = \frac{1}{2}\rho \cdot A \cdot R \cdot G \cdot \frac{\omega \cdot (\lambda_0 \cdot p \cdot M \cdot v - R \cdot \omega)}{a^2 p^2 M^2 v^2 + (\lambda_0 \cdot p \cdot M \cdot v - R \cdot \omega)^2} \cdot v^3$$

Les constantes sont la masse volumique de l'air ρ, la surface de balayage et le rayon des pales A et R, les paramètres de l'expression du coefficient de puissance G, a et λ_0, le rapport des vitesses de la boite de multiplication M et le nombre de paires de pôles de la machine p.

Puissance Electrique du Générateur

$$P_{mach} = \frac{3}{2} \cdot u_s \cdot i_s \quad (\cos\varphi_1 \approx 1)$$

$$\vec{e} = Z_s \cdot \vec{i}_s + \vec{u}_s \qquad e = \omega \cdot \Psi_r$$

$$Z_s^2 = R_s^2 + \omega^2 \cdot L_s^2$$

$$i_s = \frac{1}{R_s^2 + \omega^2 L_s^2}\left[\sqrt{R_s^2 u_s^2 + \left(R_s^2 + \omega^2 L_s^2\right)\cdot\left(\omega^2 \Psi_r^2 - u_s^2\right)} - R_s u_s\right]$$

$$P_{mach} = \frac{3}{2}\frac{u_s}{R_s^2 + \omega^2 L_s^2}\left[\omega\sqrt{R_s^2 \Psi_r^2 + L_s^2 \cdot \left(\omega^2 \Psi_r^2 - u_s^2\right)} - R_s u_s\right]$$

Voyons maintenant quelques cas d'intérêt pour mettre en évidence l'existence de points d'équilibre multiples pour le système de conversion éolien proposé sans commande électronique.

Cas 1. U_{batt} = 56 V M = 3

La figure D.1 montre les relations puissance de la turbine éolienne P_{turb} pour plusieurs valeurs entières de v (en couleurs), et la puissance de la machine P_{mach}, en fonction de la vitesse de rotation de la machine Ω.

Les *points de fonctionnement, points d'équilibre, valeurs en régime permanent*, ou *points singuliers* du système pour chaque valeur de la vitesse du vent sont les intersections entre P_{mach} et P_{turb}. Ils sont marqués sur le graphique par des ronds.

Comme le vent est en réalité une grandeur continue, il est possible de joindre les points par la courbe de puissance du générateur. Donc finalement, on peut dire que dans le plan P-Ω, les points d'équilibre correspondent à la courbe de puissance de la machine électrique.

Pour le cas de la figure, on peut observer que pour chaque valeur de la vitesse du vent v, il n'y a – à priori – qu'un seul point d'équilibre. Ceci est confirmé par la figure D.2, qui montre la relation puissance en fonction de la vitesse du vent P vs. v.

D'une simple analyse graphique de stabilité sur le plan (Ω, P), on peut aussi constater que tous ces points sont *stables* :

Méthode Graphique de Stabilité

Dans le cas où la turbine délivre plus de puissance que celle qui est fournie par la machine, la machine gardera l'excédant en énergie cinétique ; cela signifie que la machine tournera plus vite et la vitesse de rotation du système augmentera. Dans le cas contraire, l'énergie gardée sous forme de rotation dans la machine sera délivrée à la charge et ainsi la vitesse de la génératrice diminuera. Alors, la variation de la vitesse de la machine peut s'exprimer par :

$$\Delta\Omega = \frac{\Delta P}{\tau} = \frac{1}{\tau}(P_{turb} - P_{mach})$$

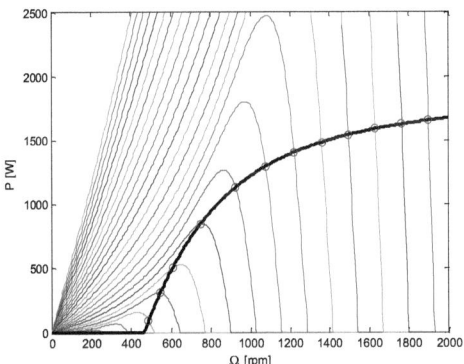

Figure D.1. Puissance de la turbine (en couleurs) pour plusieurs vitesses de vent et puissance du générateur (trait noir) en fonction de la vitesse de rotation de la machine.

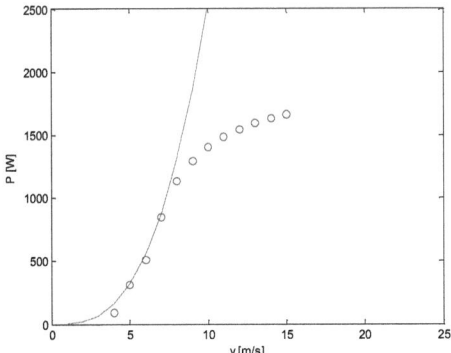

Figure D.2. Puissance maximale de la turbine (tirets) et puissance du générateur (ronds) en fonction de la vitesse du vent.

Appliquant cette expression à la figure D.1 lors d'une perturbation de vitesse du système et supposant que le couple τ se maintient constant, il est possible de constater que les points d'équilibre sont stables car, pour tous les points, le système revient à ses valeurs originelles :

Prenons n'importe quel point d'équilibre de la figure et supposons, avec une vitesse de vent contant, que le système s'accélère un peu (petite variation en sens positif ou vers la droite), le système est momentanément hors de sa valeur en régime permanent et la puissance de la machine (trait noir) est plus grande que la puissance délivrée par la turbine. Comme la source fournit moins de puissance que celle requise par la machine, il y aura donc une diminution de la vitesse de la machine ($\Delta\Omega <$ 0), et le système convergera à nouveau au point d'où le système s'avait éloigné. Lors du cas contraire – une petite variation négative de la vitesse de rotation de la machine –, la puissance fournie par la turbine est cette fois majeure que celle demandée par la machine, donc, le système prendra de la vitesse et reviendra à sa valeur initiale. Alors, il s'agit d'un point d'équilibre stable.

Cette simple analyse est plutôt une approche statique sur la stabilité du système et ne donne pas d'information suffisante pour conclure sur le type de stabilité ni sur la dynamique transitoire. Ceci doit être évalué avec d'autres outils.

Cas 2. $U_{batt} = 56$ V $M = 4$

Maintenant cette méthode sera de nouveau appliquée à notre système de conversion éolien sans commande, la seule variation est la valeur du rapport de transformation de la boite de vitesses $M = 4$. La figure D.3 montre les courbes des puissances en fonction de la vitesse de rotation de la machine pour ce nouveau cas.

A différence du cas antérieur, on peut remarquer de la figure que pour quelques valeurs de la vitesse du vent, la courbe de la puissance de la turbine croise en plusieurs points la courbe de puissance de la machine. C'est-à-dire, il y a quelques valeurs de la vitesse du vent dont la puissance du système peut prendre 2 où même 3 valeurs différentes. Ceci signifie qu'il y a un phénomène de multiples points d'équilibre dans le système pour quelques valeurs de v. Cet effet est constaté dans la courbe P vs. v de la figure D.4.

Annexe D. Multiplicité des Points d'Equilibre

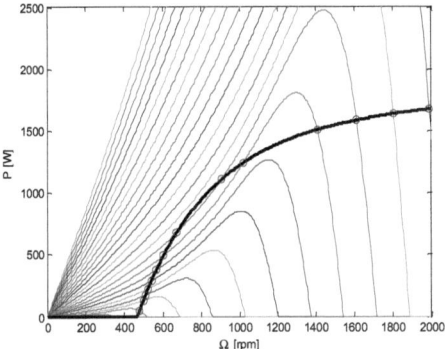

Figure D.3. Puissance de la turbine pour plusieurs vitesses de vent et puissance du générateur en fonction de la vitesse de rotation de la machine. Cas 2.

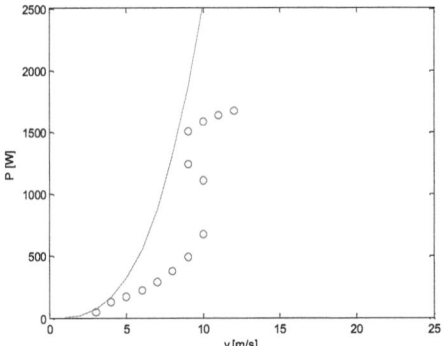

Figure D.4. Puissance maximale de la turbine et puissance du générateur en fonction de la vitesse du vent. Cas 2.

Pour ce cas, l'effet de multiples points d'équilibre apparaît entre des valeurs de v entre 8 et 11 m/s approximativement.

De l'étude de ce phénomène, on obtient les 5 cas suivants, pour une valeur croissante de v :
1. 1 point d'équilibre à vents faibles ($v < v_1$)
2. 2 croisements pour une valeur de vent déterminée v_1
3. 3 croisements pour vents « moyens » ($v_1 < v < v_2$)

4. 2 croisements pour une nouvelle valeur de vent plus élevée v_2
5. 1 seul point d'équilibre à vents forts ($v > v_2$)

Les cas 2, 3 et 4 correspondent, pour le système en étude, à une situation anormale de multiples points d'équilibre (multi-stabilité) qu'il est désirable d'éviter comme on verra à continuation.

En réalisant l'analyse graphique de stabilité proposée dans la partie précédente, on peut obtenir pour chacun des cas :

Cas 2.1. Vents faibles, un seul point d'équilibre

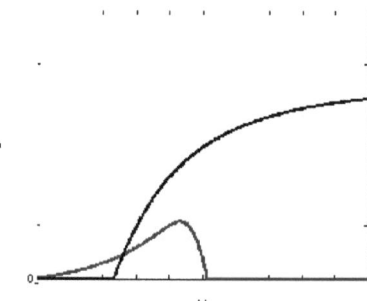

Figure D.5. Courbes de la puissance de turbine et du générateur pour le cas 2.1.

De l'analyse antérieure, on peut dire aussi que le seul point d'équilibre présent est stable.

Cas 2.2. Deux points d'équilibre pour $v = v_1$

Pour ce cas, le système présente deux points d'équilibre (Ω_1, P_1) et (Ω_2, P_2), dont le point (Ω_1, P_1) est stable pour toutes valeurs de vitesses inférieures à Ω_2.

Le point (Ω_2, P_2) est particulier car, si la vitesse est supérieure à Ω_2 le système revient à ce point, mais si la vitesse de rotation diminue, le système s'échappe vers (Ω_1, P_1).

Annexe D. Multiplicité des Points d'Equilibre

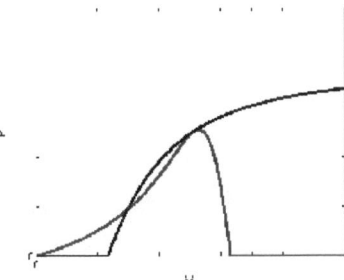

Figure D.6. Courbes de la puissance de turbine et du générateur pour le cas 2.2.

Il s'agit alors d'un cas de multi-stabilité. Le système pour $v = v_1$ peut indistinctement tourner à Ω_1 et délivrer une petite puissance de P_1, ou tourner à Ω_2 ($> \Omega_1$) et délivrer une puissance plus grande P_2, dépendant de la vitesse de rotation.

Si on prend compte l'objectif de maximiser la puissance obtenue, il serait mieux de choisir l'option (Ω_2, P_2) mais, comme le système n'a pas de commande, il n'est pas possible d'assurer qu'il ira vers ce point.

Cas 2.3. Trois points d'équilibre pour $v_1 < v < v_2$

Ce cas présente 3 points d'équilibre (Ω_1, P_1), (Ω_2, P_2) et (Ω_3, P_3) dont 2 sont stables (Ω_1, P_1) et (Ω_3, P_3). Il y a donc multi-stabilité aussi. Le point instable est celui qui est localisé entre les deux points stables.

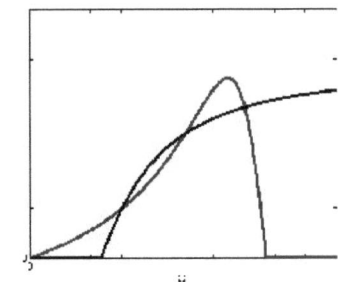

Figure D.7. Courbes de la puissance de turbine et du générateur pour le cas 2.3.

Pour les vitesses de rotation inférieures à Ω_2, le point d'opération stable du système sera (Ω_1, P_1), donc le système de conversion ne pourra pas fournir autre puissance que P_1. Si la vitesse de rotation s'élève au-delà de Ω_2, le système se stabilisera en (Ω_3, P_3) et fournira le maximum de puissance pour cette vitesse de vent.

Cas 2.4. Deux points d'équilibre pour v_2

Ce cas est analogue au cas 2, il y a 2 point d'équilibre (Ω_1, P_1) et (Ω_1, P_1) et un d'eux est stable et l'autre partiellement. La différence est que le point stable est celui à vitesse supérieure. C'est-à-dire, une fois que la vitesse de rotation est supérieure à Ω_1, le système ira se stabiliser à vitesse et puissance élevée (Ω_2, P_2). Mais si cette vitesse n'est pas dépassée, le système tournera à vitesse et à puissance réduite (Ω_1, P_1).

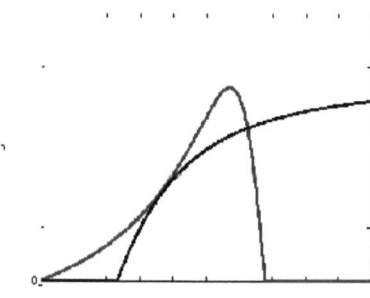

Figure D.8. Courbes de la puissance de turbine et du générateur pour le cas 2.4.

Cas 2.5. Un seul point d'équilibre pour vents forts.

Pour ce cas, le seul point équilibre qui se présente est stable.

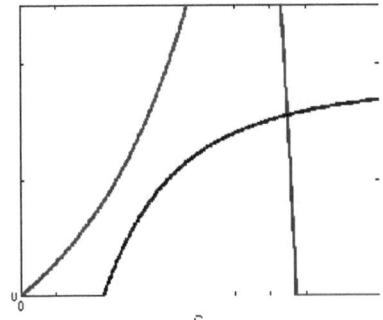

Figure D.9. Courbes de la puissance de turbine et du générateur pour le cas 2.5.

Les valeurs v_1 et v_2 s'obtiennent de la résolution du système de 2 équations algébriques non linéaires suivant

$$P_{turb}(v) - P_{mach}(v) = 0$$
$$\frac{\partial P_{turb}}{\partial v} - \frac{\partial P_{mach}}{\partial v} = 0$$

$$P_{turb} = \frac{1}{2} \rho \cdot A \cdot R \cdot G \cdot \frac{\omega \cdot (\lambda_0 \cdot p \cdot M \cdot v - R \cdot \omega)}{a^2 p^2 M^2 v^2 + (\lambda_0 \cdot p \cdot M \cdot v - R \cdot \omega)^2} \cdot v^3$$

$$P_{mach} = \frac{3 u_s^2}{R_s^2 + \omega^2 L_s^2} \left\{ \left[R_s^2 + \left(R_s^2 + \omega^2 L_s^2\right) \cdot \left(\frac{\omega^2 \Psi_r^2}{2 u_s^2} - 1\right) \right]^{-\frac{1}{2}} - R_s \right\}$$

$$\frac{\partial P_{turb}}{\partial \omega} = \frac{1}{2} \rho \cdot A \cdot R \cdot G \cdot M \cdot p \cdot \frac{a^2 \cdot p \cdot M \cdot v \cdot (\lambda_0 \cdot p \cdot M \cdot v - 2 \cdot R \cdot \omega) + \lambda_0 \cdot (\lambda_0 \cdot p \cdot M \cdot v - R \cdot \omega)^2}{\left[a^2 p^2 M^2 v^2 + (\lambda_0 \cdot p \cdot M \cdot v - R \cdot \omega)^2\right]^2}$$

$$\frac{\partial P_{mach}}{\partial \omega} = \frac{3 u_s}{2} \cdot \frac{\sqrt{2} R_s^4 \Psi_r^2 + 2\sqrt{2} \omega^2 L_s^4 u_s^2 + R_s L_s^2 \left[\sqrt{2} R_s \left(\omega^2 \Psi_r^2 - 2 u_s^2\right) + 4 u_s \omega \sqrt{R_s^2 \Psi_r^2 + L_s^2 \left(\omega^2 \Psi_r^2 - 2 u_s^2\right)}\right]}{\left(R_s^2 + \omega^2 L_s^2\right)^2 \sqrt{R_s^2 \Psi_r^2 + L_s^2 \left(\omega^2 \Psi_r^2 - 2 u_s^2\right)}}$$

Il est difficile d'obtenir une expression algébrique unique des solutions (v_1 et v_2) du système précédent. Cependant, connaissant tous les autres paramètres, les valeurs de ces vents s'obtiennent de la résolution numérique du système.

Une conclusion de cette analyse est, si le système présente ce problème de multi-stabilité, il est souhaitable de faire tourner la machine à la vitesse la plus élevée possible, ainsi la puissance extraite du vent est maximale. Néanmoins, la valeur de la puissance obtenue du système donc dépendra de facteurs que ne pourront pas être contrôlés car le système de conversion n'a pas de commande. Alors, il est nécessaire de réaliser correctement la conception des différentes parties du système. C'est-à-dire, faire attention de choisir une turbine, une machine, une boite de vitesse et une valeur de tension de batterie qui évite ce type d'effet.

Oui, je veux morebooks!

I want morebooks!

Buy your books fast and straightforward online - at one of the world's fastest growing online book stores! Environmentally sound due to Print-on-Demand technologies.

Buy your books online at

www.get-morebooks.com

Achetez vos livres en ligne, vite et bien, sur l'une des librairies en ligne les plus performantes au monde!
En protégeant nos ressources et notre environnement grâce à l'impression à la demande.

La librairie en ligne pour acheter plus vite

www.morebooks.fr

VDM Verlagsservicegesellschaft mbH
Heinrich-Böcking-Str. 6-8　　　　　　　　　　　　info@vdm-vsg.de
D - 66121 Saarbrücken　　　Telefax: +49 681 93 81 567-9　　www.vdm-vsg.de

Printed by Books on Demand GmbH, Norderstedt / Germany